国家级示范院校应用型规划教材

茶艺

CHAYI

SHIXUN JIAOCHENG

实训教程

刘晓芬　张祥鸿　主编

石希峰　主审

天津大学出版社

TIANJIN UNIVERSITY PRESS

内 容 提 要

茶艺,是中国传统文化的延伸,在学习与实践的过程中,由形入心,通过细致与精准的流程训练,使人面对朴实简单的事物,也能发现内在纯粹的力量。本书通过介绍茶之史、茶之礼、茶之器、茶之汤、茶之席等内容,全面阐释了茶艺的优雅,让人感受到茶艺所呈现的美学与品位。此外,本书配有数字资源供学习者在线学习,包括配套教学视频与课件、茶艺师资格证考试题库资源,可以增强学习的趣味性与内容的指导性。

图书在版编目(CIP)数据

茶艺实训教程 / 刘晓芬,张祥鸿主编;石希峰主审
. —天津:天津大学出版社,2019.7 (2023.7重印)
国家级示范院校应用型规划教材

ISBN 978-7-5618-6442-5

Ⅰ. ①茶… Ⅱ. ①刘… ②张… ③石… Ⅲ. ①茶艺—高等职业教育—教材 Ⅳ. ① TS971.21

中国版本图书馆 CIP 数据核字(2019)第 133842 号

出版发行	天津大学出版社	
地　　址	天津市卫津路 92 号天津大学内(邮编:300072)	
电　　话	发行部:022-27403647	
网　　址	publish.tju.edu.cn	
印　　刷	廊坊市海涛印刷有限公司	
经　　销	全国各地新华书店	
开　　本	185mm×260mm	
印　　张	13	
字　　数	321 千	
版　　次	2019 年 7 月第 1 版	
印　　次	2023 年 7 月第 4 次	
定　　价	38.00 元	

《茶艺实训教程》编委会

主　　编　刘晓芬　张祥鸿

主　　审　石希峰

副 主 编　张清海　罗凤玲　陈　戎　毕　露

参　　编　王红玲　袁春银

丛书编委会名单

（排名不分先后）

前 言
Preface

　　中国是茶的故乡，也是茶文化的发祥地。古人认为茶有"十德"：以茶散郁气、以茶驱睡气、以茶养生气、以茶除病气、以茶利礼仁、以茶表敬意、以茶尝滋味、以茶养身体、以茶可行道、以茶可雅志。而今，随着经济和文化的繁荣，饮茶已成为一种文化艺术。面对市场发展的需求，2019 年 1 月，人力资源和社会保障部颁布了最新标准《国家职业技能标准——茶艺师》（简称"新标准"），我们以此为契机，结合"新标准"，针对目前如何培养和提高茶艺人员的实际操作技能和综合素养编写了本书。本书适合开设茶艺专业课和公共选修课的职业院校学生以及参加茶艺师职业资格鉴定的茶行业从业者、爱好者学习使用。

　　本书在编写过程中主要突出了以下几大特点。

　　（1）结合"新标准"，内容详实、结构合理、重点突出。全书分为上、下两篇，共计10 章内容。整体编排思路清晰，可操作性强，方便教师讲授和学生自学。

　　（2）核心知识点和技能点配有视频资源和题库资源，方便碎片化学习和教师进行混合式教学，提升了教材建设的信息化水平。

　　（3）体例新颖，本书每章节均配有拓展链接、技能实训与考核标准、课后练习等，既方便学生课外独立思考和深入学习，也方便教师对教学效果进行检查与评估。

　　全书由刘晓芬、张祥鸿老师担任主编并负责统稿工作，湖北宜昌教委石希峰老师主审。本书第一章由王红玲老师编写，第二章由陈戎老师编写，第三章由罗凤玲老师编写，第四章由张祥鸿老师编写，第五章由张清海老师编写，第六章由袁春银老师编写，第七章由毕露老师编写，第八章、第九章、第十章由刘晓芬老师编写。

　　编写单位：湖北大学职业技术学院、湖北鹤峰县中等职业技术学校、湖北科技职业学院、武汉城市职业学院、湖北省旅游学校、湖北长阳县职业教育中心、湖北秭归县职业教育中心、恩施职业技术学院、张清海评茶技能大师工作室。

　　本书在编写过程中参考和引用了许多国内学者的成果，在此深表谢意。由于编者水平有限，书中内容可能有不妥之处，敬请广大读者批评指正。

编　者
2019 年 2 月

↙ 目 录
Contents

第一章
茶文化知识

学习目标

1. 了解用茶与饮茶的源流。
2. 掌握中国茶文化的形成、发展与对外传播。
3. 熟悉茶事艺文与茶文化。

实训目标

1. 熟知茶文化源流及发展。
2. 将所学的茶文化知识灵活地运用于茶艺实践中。

本章导读

回溯中华民族辉煌的茶文化史，可以清楚地看到不同历史时期茶文化的发展轨迹。中国是茶树的故乡，早在仰韶文化时期，已有野生茶树。从野生茶树发展到人工种植，经历了漫长的历史，茶树栽培面积的扩大，促进了茶向全世界各地区的迅速传播。中国茶文化始于三国时期，形成于唐代，宋元明清时期又得到了深入的发展，相继出现了煎茶、点茶、斗茶、泡茶等风格各异的饮茶习俗，给后人留下了许多宝贵的文化珍品。总之，随着社会的进步、文明的发展，中国茶文化也在不断地丰富与发展。

第一节　中国用茶与饮茶的源流

中国是茶的故乡，也是茶文化的发祥地，中国茶文化以其历史源远流长和底蕴丰厚著称于世。作为开门七件事（柴米油盐酱醋茶）之一，饮茶在古代中国是非常普遍的。中国人饮茶，据说始于神农时代，距今少说也有4700多年了。

一、中国用茶的源流

中国是世界上最早发现茶树、利用茶叶和栽培茶树的国家。茶在中国的应用过程，可以分为三个相承启的阶段：药用、食用、饮用。

（一）药用阶段

中国早期的药书《神农本草经》《食论》《本草拾遗》《本草纲目》等都对茶叶的

药用价值进行了描述。《神农本草经》中写道："神农尝百草，日遇七十二毒，得荼而解之。"有关神农氏，《庄子》一书中有"神农之世，卧则居居，起则于于，民知其母，不知其父"的记载；可见，神农氏生活的年代应在夏商之前母系氏族社会向父系氏族社会转变的时期，大约是公元前28世纪，距今有5000年左右的历史。后人经过长期实践，发现茶叶不仅能解毒，而且配合其他中草药，可医治多种疾病。据《神农本草经》记载："荼味苦，饮之使人益思、少卧、轻身、明目。"东汉神医华佗在《食论》中也说到茶味道较苦，但经常服食的话则有利于头脑清醒、思维敏捷。明代顾元庆在《茶谱》中写道，人饮真茶能止渴消食、除痰少睡、利尿、明目益思、除烦去腻，固人不可一日无茶。把茶的药用功能说得异常清楚。名医李时珍则从医药专家角度将茶的品性、药用价值一一道来：茶味较苦，品性趋寒，因而最适宜用来降火，如果喝温茶，那么心中火气就会被茶汤减去，如果喝热茶，那么火气就会随着茶汤而挥发，并且茶汤还有解酒的功能，能使人神清气爽不再贪睡。

（二）食用阶段

依照《诗经》等有关文献的记录，在史前时期，"荼"泛指诸类苦味野生植物性食物，自发现了茶的其他价值后才赋予其独立的名字"茶"。《晏子春秋》记载，"晏子相景公，食脱粟之食，炙三弋、五卵、苔菜耳矣"；又《尔雅》中，"苦荼"一词注释"叶可炙作羹饮"；在《桐君录》等古籍中，则有茶与桂姜及一些香料同煮食用的记载。此时，茶叶的利用方法前进了一步，运用了当时的烹煮技术，并已注意到茶汤的调味。以茶当菜，煮作羹饮。茶叶煮熟后，与饭菜调和一起食用，用茶的目的，一是增加营养，二是解毒。

（三）饮用阶段

药用为开始之门，食用次之，饮用则为最后的发展阶段，茶文化却因饮用而得以发扬光大。在早期，茶与其他一些植物是作为祭品使用的，后来有人尝食之发现食而无害，便"由祭品，而菜食，而药用"，最终成为饮料。

陆羽的《茶经》是世界上最早的茶叶专著，更全面地论述了茶的功效："茶之为用，味至寒，为饮最宜精行俭德之人，若热渴、凝闷、脑疼、目涩、四肢烦、百节不舒，聊四五啜，与醍醐、甘露抗衡也。"把茶作为饮料，或是解渴，或是提神。不同的阶段，饮茶的方法、特点都不相同。

二、中国饮茶法源流

关于茶的起源众说纷纭，有的认为起源于上古，有的认为起源于周，起源于秦汉、三国、南北朝、唐代的说法也有。造成众说纷纭的主要原因是唐代以前无"茶"字，而只有"荼"字的记载，直到《茶经》问世，其作者陆羽方将"荼"字减一画而写成"茶"，因此有茶起源于唐代的说法。清代顾炎武《日知录》称："自秦人取蜀而后，始有茗饮之事。"他推测饮茶始于战国末，虽大体不错，但缺乏直接、有力的证据。西汉王褒《僮约》记有"烹茶尽具""武阳买茶"，尽管对"烹茶尽具"之"茶"是否指茶还有争议，但对"武阳买茶"之"茶"指茶意见比较一致，因而西汉饮茶有史可据。《僮约》写定于公元前59年，据此推知中国的饮茶历史已逾两千年。但是,饮茶风俗起源于中国四川(古巴蜀),其他地区的饮茶习俗是在汉代以后由四川传播并在四川的影响下发展起来的。

中国古代的饮茶历史大致可分为四个时期,第一个时期是汉魏六朝,第二个时期是隋唐,第三个时期是五代及宋,第四个时期是元明清。各个时期的饮茶程序、方法各有特点。

（一）汉魏六朝时期饮茶法

饮茶始于西汉,起源于巴蜀,经东汉、三国、两晋、南北朝,逐渐向中原广大地区传播,饮茶由上层社会向民间发展,饮茶、种茶的地区越来越多。魏晋南北朝时,一些有眼光的政治家便提出"以茶养廉",以对抗当时的奢侈之风。魏晋以来,天下骚乱,文人无以匡世,渐兴清谈之风。这些人终日高谈阔论,必有助兴之物,于是多兴饮宴(图1-1)。

西晋杜育的《荈赋》是我国第一篇以茶为主题的文学作品,其中写道:"水则岷方之注,挹彼清流。器泽陶简,出自东隅。酌之以匏,取式公刘。惟兹初成,沫沉华浮。焕如积雪,晔若春敷。"涉及择水(挹彼清流)、选器(器泽陶简,出自东隅)、酌茶(酌之以匏)。茶煮好之时,茶沫沉下,汤华浮上,亮如冬天的积雪,鲜似春日的百花。既"酌之以匏",以匏瓢舀茶汤,当在鼎、釜中煮茶。用匏瓢将茶舀到"出自东隅"(今浙江一带)的瓯或碗中饮用。

总之,汉魏六朝时期的饮茶是煮茶法,将茶放入鼎、釜中煮,盛到碗内饮用。

图1-1　竹林七贤饮宴

（二）隋唐时期饮茶法

隋唐结束了魏晋南北朝时期国家长期分裂的局面,建立了大一统的王朝,社会安定繁荣,达到了"比屋皆饮,举国之饮"的盛况。上至王公贵族,下至文人墨客,均以饮茶为高雅之举。唐朝茶文化的形成与当时的经济、文化环境相关。唐朝疆域广阔,注重对外交往,长安是当时的政治、文化中心,中国茶文化正是在这种大气候下形成的。茶文化的形成还与当时佛教的发展、科举制度、诗风大盛、贡茶的兴起及禁酒有关。

隋唐时期的饮茶法除延续了汉魏南北朝的煮茶法外,又有泡茶法和煎茶法。这一时期的茶诗也相当出众,卢仝在《走笔谢孟谏议寄新茶》中写道:"一碗喉吻润,两碗破孤闷,三碗搜枯肠,唯有文字五千卷。四碗发轻汗,平生不平事,尽向毛孔散。五碗肌骨清,六碗通仙灵。七碗吃不得也,唯觉两腋习习清风生。"公元780年,茶圣陆羽考察了各地饮茶习俗并总结了历代制茶经验后,撰写了中国乃至世界上第一部茶书《茶经》,其中全面阐述了煎茶法的制作过程。《茶经》是一个划时代的标志,它并非仅述茶,而是把诸家精华及诗人

的气质和艺术思想渗透其中，奠定了中国茶文化的理论基础。

图1-2 庵茶

1. 泡茶法

《茶经·六之饮》载："饮有粗茶、散茶、末茶、饼茶者，乃斫、乃熬、乃炀、乃舂，贮于瓶缶之中，以汤沃焉，谓之茶。"这段文字是说，所饮茶有粗、散、末、饼四类。粗茶要切碎，散茶、末茶入釜炒熬、烤干，饼茶舂捣成茶末。无论饮哪种茶，都是将茶投入瓶子和缶（一种细口大腹的瓦器）之中，灌入沸水浸泡，此称为"庵茶"（图1-2）。这种泡茶方法简单方便，在民间较流行。

2. 煎茶法

在汉语中，煎、煮义近，往往通用。本书所称的"煎茶法"特指陆羽所创的一种煮茶法，为了区别于汉魏南北朝时期的煮茶法，故名"煎茶法"。其与煮茶法的主要区别有二：其一，煎茶法入汤之茶一般是末茶，而煮茶法用散茶、末茶皆可；其二，煎茶法于汤二沸时投茶，并加以环搅，三沸则止，而煮茶法茶投冷、热水皆可，须经较长时间的煮熬。

煎茶法在中晚唐很流行，刘禹锡《西山兰若试茶歌》云"骤雨松声入鼎来，白云满碗花徘徊"。白居易《睡后茶兴忆杨同州》诗云"白瓷瓯甚洁，红炉炭方炽。沫下麹尘香，花浮鱼眼沸"。卢仝《走笔谢孟谏议寄新茶》诗云"碧云引风吹不断，白花浮光凝碗面"。

3. 煮茶法

《茶经·七之事》引《广雅》云："荆巴间采叶作饼，叶老者，饼成以米膏出之。欲煮茗饮，先炙令赤色，捣末置瓷器中，以汤浇覆之，用葱、姜、橘子芼之，其饮醒酒，令人不眠。"这段引文涉及制茶法、饮茶法，意为：在川东鄂西交界一带，采叶制成饼茶，叶老的，则要用米汤处理方能做成茶饼。想饮茶时，先将茶饼烤至赤色，再捣末投入瓷器中，加入沸水浇泡，用葱、姜、橘子作佐料，接着熬煮。这种用"葱、姜、橘子芼之"的煮茶法约出现在隋唐年间。根据《茶经·四之器》和《茶经·五之煮》的描述，唐代煮茶的操作步骤有八步：炙烤茶饼→研碾茶末→罗筛茶末→茶镬或茶铛煮水→投茶末入茶镬或茶铛→以茶匙或箸搅拌茶末→培育汤花（育华，打出茶末）→酌茶于碗，即可饮用。

总之，隋唐时期，泡茶法新起，粗、散、末、饼茶皆可泡饮，有加葱、姜等佐料的，也有不加佐料的。煮茶法仍然存在，往往加姜、桂、椒等佐料。中唐以后，煎茶法盛行。煎茶不加佐料，顶多加点盐调味。

（三）五代及宋时期饮茶法

茶兴于唐而盛于宋。在北宋，制茶方法出现变化，给饮茶方式带来深远的影响。北宋改唐代的煮茶法为点茶法，并讲究色香味的统一。到南宋初年，又出现泡茶法，因其简易化，为饮茶的普及开辟了道路。宋代饮茶技艺是相当精致的，但很难融入思想感情。宋代著名茶人大多数是著名文人，这加快了茶与相关艺术融为一体的进程。宋代拓宽了茶文化的社会层面和文化形式，茶事十分兴旺，但茶艺走向繁复、琐碎、奢侈，失去了唐朝茶文化的思想精神。宋代市民茶文化主要是把饮茶作为增进友谊、社会交际的手段。如北宋汴京民俗，有人搬进新居，与周围邻居要互相"献茶"；邻居间请喝茶叫"支茶"。这时，饮茶已成为民间礼俗内容的一部分。

1. 点茶法

宋人饮茶以抹茶为主。《清异录·生成盏》记载："沙门福全生于金乡，长于茶海，能注汤幻茶，成一句诗。并点四瓯，共一绝句。泛乎汤表。"《清异录·茶百戏》又载："近世有下汤运匕，别施妙诀，使汤纹水脉成物象者，禽兽虫鱼花草之属，纤巧如画。"注汤幻茶成诗成画，谓之茶百戏、水丹青，即宋人所称"分茶"游戏。生成盏、茶百戏均是点茶法的附属。

2. 煎茶法

苏辙《和子瞻煎茶》诗云："煎茶旧法出西蜀，水声火候犹能谐。……我今倦游思故乡，不学南方与北方。铜铛得火蚯蚓叫，匙脚旋转秋萤光。"三苏祖籍四川，相传陆羽煎茶法源于四川。当时饮茶，南方用点茶（宋人也称为煎茶），北方用煮茶。苏辙说他思念故乡，不学南北饮茶，用故乡西蜀的煎茶旧法。

3. 煮茶法

苏轼《和蒋夔寄茶》诗云："柘罗铜碾弃不用，脂麻白土须盆研。"宋代有一种"擂茶"，将茶与芝麻、干面放到瓦钵内擂研成细末，又加其他佐料煮而饮，又称"七宝茶"。

苏辙《和子瞻煎茶》诗云："又不见北方俚人茗饮无不有，盐酪椒姜夸满口。"北方人茶中加盐、酪、椒、姜煮而饮。

总之，五代宋时期饮茶最流行的是点茶法，连北方的辽国也受其影响。煎茶法已不普遍，南宋末年已无闻。煮茶法主要流行于少数民族地区。

拓展链接

宋代点茶

宋代盛行点茶、斗茶、分茶，宋徽宗赵佶精于点茶、分茶，亲撰《大观茶论》，总结点茶法。现据《大观茶论》和蔡襄《茶录》等记载，点茶法的程序有备器、洗茶、炙茶、碾罗、择水、取火、候汤、熁盏、点茶、啜饮。

（1）备器：点茶法的主要器具有茶炉、汤瓶、茶匙、茶筅、碾、磨、罗、盏等。

（2）洗茶：宋代团茶研膏饰面，故对于上年的陈茶，要放入茶洗中以沸水清洗，洗去尘垢，并将表面一层膏油刮去。

（3）炙茶：以微火将团茶炙干。若当年新茶则无须炙烤。

（4）碾罗：炙烤好的茶用干净纸密裹捶碎，然后入碾，继而用磨（碾、砣），再用罗筛选细末。散、末茶则直接碾、磨、罗，不用洗、炙。煎茶用茶末，点茶则用细茶末（茶粉）。

（5）择水、取火同煎茶法。

（6）候汤：候汤最难，未熟则沫浮，过熟则茶沉。茶炉似风炉，形如古鼎。也有用火盆及其他炉灶代替的。煮水用汤瓶，汤瓶细口、长嘴、有柄。瓶小易候汤，且点茶注汤有准。汤以蟹目鱼眼连绎迸跃为度。

（7）熁盏：点茶前先熁盏，即用沸水温盏，盏冷则茶沫不浮。

（8）点茶：用茶匙抄茶入盏，先注少许汤调令均匀，谓之调膏。继而量茶受汤，边注

汤边用茶筅击拂。视其面色鲜白，乳雾汹涌，回旋而不动，住盏无水痕为佳，谓之咬盏。"斗茶"则以水痕先出者为负，耐久者为胜。点茶之色以纯白为上，青白次之，灰白、黄白又次。汤上盏达四至七分为宜，茶少汤多则云脚散，汤少茶多则粥面聚。

（9）啜饮：点茶一般是在茶盏里点，不加任何佐料，直接持盏饮用。也可先点一大瓯，再分到小盏中饮用。

（四）元明清时期饮茶法

元代茶饮中，除了民间的散茶继续发展，贡茶仍然延用团饼之外，在烹煮和调料方面有了新的方式产生，这是蒙古游牧民族的生活方式和汉族人民的生活方式相互影响的结果。在饮茶时，特别是在朝廷的日常饮用中，添加辅料似乎已经相当普遍。经过宋元的社会动荡，明清时期品茶方式的更新和发展突出表现为对饮茶艺术性的追求。明代兴起的饮茶冲瀹法是基于散茶的兴起，散茶冲饮方便，而且芽叶完整，大大增强了饮茶时的观赏效果。明代人在饮茶时，已经有意识地追求一种自然美和环境美，包括饮茶者的人数和自然环境，有"一人得神，二人得趣，三人得味，七八人是名施茶"之说。元朝的茶以散茶、末茶为主，明朝叶茶（散茶）独盛。明朝有绿茶、黑茶、黄茶、花茶；清朝的茶品种繁多，门类齐全。元明清时期饮茶除继承五代及宋时期的煮茶法、点茶法外，泡茶法终于成熟。

1. 泡茶法

元代泡茶多用末茶，且杂以米面、麦面、酥油。

元代忽思慧《饮膳正要》载："兰膏：玉磨末茶三匙头，面、酥油同搅成膏，沸汤点之。酥签：金字末茶两匙头，入酥油同搅，沸汤点之。建汤：玉磨末茶一匙，入碗内研匀，百沸汤点之。"玉磨茶乃紫笋茶与米各半同拌后，入玉磨内磨成末茶，金字茶也是湖州造末茶，"沸汤点之"，即用沸水冲泡。

明代陈师《茶考》载："杭俗烹茶，用细茗置茶瓯，以沸汤点之，名为撮泡。"细茗是茶末还是芽茶还不清楚，不加佐料，直接投茶入瓯，用沸水冲点，杭州一带俗称"撮泡"。

2. 煮茶法

煮茶法主要在少数民族地区流行，茶多是粗茶、紧压茶，通常与酥、奶、椒、盐等佐料同煮。《茶考》载："煮茶之法，唯苏吴得之。以佳茗入瓷瓶火煎，酌量火候，以数沸蟹眼为节。"苏吴一带以上好的茶入瓷壶置火上煮沸而饮。

3. 点茶法

朱元璋第十七子、宁王朱权自撰《茶谱》，其精于茶道之程度堪与宋徽宗相提并论。朱权《茶谱》所记的饮茶法仍是点茶法。朱权在大茶瓯中点茶，然后再分到小茶瓯中，有时还在小茶瓯中加入花苞。朱权所用茶末是叶茶碾罗而成的，弃团茶不用。朱权还创制了一种适于野外烧水用的茶灶。

（五）总说

自汉至唐，中国的饮茶法以煮茶法为主；自五代至清，以泡茶法为主。从煮茶法中分出煎茶法，从泡茶法中分出点茶法。煮、煎、点、泡四类饮茶法各擅风流，汉魏南北朝尚煮茶法，隋唐尚煎茶法，五代及宋尚点茶法，元明清尚泡茶法，大体可以概括为图1-3所示的演进方式。

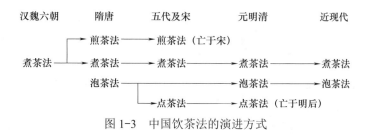

图1-3 中国饮茶法的演进方式

中国古代关于饮茶法的用词较乱，烹茶、煮茶、煎茶中每个词都可以指煮、煎、点、泡四种意思，千万不能简单视之。要判断是用何种饮茶法，不能仅根据用词，要根据实际情况。一看程序，二看器具，三看用茶，则大体能确定。

● **实训项目**

茶的起源、发展和相关故事传说

实训时间： 实训授课1学时，共计45分钟，其中示范讲解10分钟，学员操作25分钟，考核测试10分钟。

实训方法： 教师示范讲解，学员按照5人/组进行汇报讲解。

实训器具： 茶艺用具等。

操作项目	主要内容及标准
讲解茶的起源、发展和相关故事传说	借助茶艺用具，以小组为单位，以丰富多彩的形式演绎茶的起源、发展和相关故事传说

● **实训考核**

技能评分表

组别：＿＿＿＿＿＿＿＿　　　　姓名：＿＿＿＿＿＿＿＿

考核内容	考核要点	分值	组间互评	教师评价
讲解茶的起源、发展和相关故事传说	仪表整洁、言行得体、姿态优美	4		
	逻辑清晰，体现专业性	6		
总　分		10		

课后练习

一、单选题

1. 下列不属于古代饮茶方法的是（　　　）。
   A. 煮茶法　　　　　B. 煎茶法　　　　　C. 点茶法　　　　　D. 玻璃杯泡饮法

2. （　　　）饮茶之风日盛，开始实行茶税。
   A. 西汉　　　　　B. 三国　　　　　C. 唐朝　　　　　D. 北宋

3. 中国茶叶最初兴于（　　　）。
   A. 汉中　　　　　B. 巴蜀　　　　　C. 东北　　　　　D. 江南

4. 人们学会制作"饼茶"，并掌握了完整的煮、饮茶方法是在（　　　）。
   A. 西汉　　　　　B. 三国　　　　　C. 魏晋南北朝　　　　　D. 北宋

5. 西晋杜育的（　　　）是我国第一篇以茶为主题的文学作品。

    A. 《茶事》   B. 《大观茶论》   C. 《茶经》   D. 《荈赋》

二、判断题

1. 茶早期的用名为荼。   （　　）

2. 唐朝的陆羽写成了世界上第一本茶学专著《茶经》，他被后世尊称为"茶圣"。

                                                            （　　）

3. 茶在中国的应用过程，可分为从药用到食用，再到饮用的三个独立的阶段。（　　）

4. 茶有药用、饮用的双重价值。   （　　）

5. 宋代皇帝宋徽宗撰写《大观茶论》，有力地推动了茶饮的普及。（　　）

第二节　中国茶文化的形成、发展与对外传播

一、中国茶文化的形成与发展

从广义上讲，茶文化包括茶的自然科学和茶的人文科学两方面，是人类通过社会实践创造的与茶有关的物质财富和精神财富的总和。从狭义上讲，茶文化着重于茶的人文科学，主要指茶对精神和社会的作用。由于茶的自然科学已形成独立的体系，因而，现在常讲的茶文化偏重于人文科学。

（一）三国以前的茶文化启蒙

很多书籍把茶的发现时间定为公元前 2737—2697 年。东汉华佗《食经》载有"苦茶久食，益意思"，记录了茶的医学价值。西汉已将茶的产地县命名为"茶陵"，即今湖南的茶陵县。三国时期的《广雅》最早记载了饼茶的制法和饮用：荆巴间采叶作饼，叶老者饼成，以米膏出之。茶以物质形式出现并渗透至其他人文科学而形成茶文化。

（二）晋代、南北朝茶文化的萌芽

随着文人饮茶之风兴起，有关茶的诗词歌赋日渐问世，茶已经脱离一般形态的饮食走入文化圈，具有一定的精神作用、社会作用。

（三）唐代茶文化的形成

虽然神农氏最早发现并利用茶只是传说，但中国茶文化的形成源于唐代却是不争的事实。唐代能够在全国范围内形成浓厚的饮茶风气，与陆羽等人的大力提倡有极为密切的关系。780 年陆羽著《茶经》（图 1-4），对种茶、采茶、茶具的选择、煮茶的火候、用水以及如何品饮都有详细的论述，把儒、道、佛三教文化融入饮茶中，首创中国茶道精神。陆羽写出了《茶经》，创制了茶道二十四器，1987 年陕西法门寺出土的一套唐代宫廷茶器就是典型的代表。之后又出现了大量茶书、茶诗，有《茶述》《煎茶水记》《采茶记》《十六汤品》等。唐代茶文化的形成与佛教的繁荣有关，因茶有提神益思、生津止渴的功能，故寺庙崇尚饮茶，在寺院周围植茶树，制定茶礼、设茶堂、选茶头，专呈茶事活动。在唐代形成的中国茶道包括宫廷茶道、寺院茶礼、文人茶道。

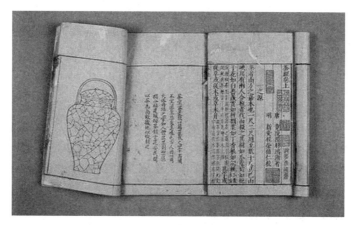

图 1-4　陆羽的《茶经》

（四）宋代茶文化的兴盛

中国茶史上历来就有茶兴于唐而盛于宋的说法。宋代文人中出现了专业品茶社团，如官员组成的"汤社"。宋太祖赵匡胤是位嗜茶之士，宋徽宗赵佶御笔亲书的《大观茶论》流传后世。宋代在宫廷中设立茶事机关，宫廷用茶已分等级。茶仪已成礼制，赐茶已成皇帝笼络大臣、眷顾亲族的重要手段，茶还会被赐给国外使节。在宋代，不仅茶成为人们日常生活中不可或缺的物品，是"开门七件事"之一，而且饮茶的风俗深入民间生活的各个方面。例如，有人迁徙，邻里要"献茶"；有客来，要敬"元宝茶"；订婚时要"下茶"；结婚时要"定茶"；同房时要"合茶"。民间斗茶风起，带来了采、制、烹、点、的一系列变化。与唐代相比，宋代制茶工艺、茶文化又有了明显的变化，饮茶方法在唐代陆羽的基础上又迈进了一步，由原来的煎茶法发展成为更为高雅的点茶法。点茶法比唐代煎茶法更讲究，包括炙茶、碾罗、候汤、点茶等一整套程序。

（五）明清茶文化的普及

明代已出现蒸青、炒青、烘青等茶类，茶的饮用已改成"撮泡法"。明代不少文人雅士留有传世之作，如唐伯虎的《烹茶画卷》《品茶图》，文徵明的《惠山茶会图》（图 1-5）、《品茶图》等。此时茶类增多，泡茶技艺有别，茶具有多种款式、质地、花纹。至清朝，茶叶出口已成一种正式行业，茶书、茶事、茶诗不计其数。

图 1-5　文徵明的《惠山茶会图》

二、中国茶文化的对外传播

我国大量的史料皆能证明我国是茶的原产地、是茶的故乡，有关茶的一切知识，饮茶习俗，加工、栽培技术和茶文化等，最初都是由我国直接或者间接地传出的。赵贞信《封氏闻见记校注》所载："茶早采者为茶、晚采者为茗。《本草》云：'止渴、令人不眠。'南人好饮之、北人初不多饮。"早在西汉时期，四川一带饮茶、种茶便很普遍，茶已成为当时一种重要商品。陆羽在《茶经》里所列的一些重要的产茶地区和封演在《封氏闻见记》里的记述，都已清楚地表明唐代时饮茶之风已盛行全国。同时，茶叶作为茶文化的主要载体和友谊的使者，明清时期就已经传到土耳其、阿富汗、伊朗、朝鲜、日本、泰国、缅甸、马来西亚、印度、斯里兰卡和欧美等地。

（一）中国茶叶向世界传播的四种方式

在当时的情况下，中国茶叶向世界的传播大体有 4 种方式。

（1）来华学佛的僧侣和遣唐使将茶带往国外，如公元 805 年日本高僧最澄从天台山将茶籽引种到日本。

（2）通过古商路，以经贸的方式传到国外。

（3）通过派出的使节，将茶作为贵重礼品，馈赠给出使国，如 1618 年，中国公使向俄国沙皇赠茶。

（4）应邀直接以专家身份去国外发展茶叶生产，如清末时，宁波茶厂厂长刘峻周带技工去格鲁吉亚种茶。

依托以上 4 种主要方式，中国茶文化向外传播主要有两条路线，即陆路传播路线和海路传播路线。

（二）茶的陆路传播

1. 向中亚、西亚的传播

中国茶最早是从陆路向与中国接壤的邻国传播的。早在西汉（公元前 206—公元 25 年）时，张骞两次出使西域，开辟丝绸之路，至唐代，都城长安已成为中国对外文化和经济交流的中心。当时的中原一带，饮茶已是"比屋皆饮""投钱可取"。许多阿拉伯商人，在中国购买丝绸、瓷器的同时，也常常带走茶叶。于是，中国的茶叶从陆路传播到阿拉伯国家，饮茶之风逐渐在中亚和西亚一带传播开来。学者们一般认为，在公元 7 世纪时，中国茶叶经陆路传播到中亚、西亚一带，开始了茶马互市。

2. 向欧洲的传播

中国茶传播到欧洲，除由海路传到西欧，同时还有一条经陆路传播到欧洲的通道。随着古丝绸之路的逐渐衰落，在中国兴起了另一条陆路国际商路。此路以山西、河北为枢纽，经长城，过蒙古，穿越俄罗斯的西伯利亚，直达欧洲腹地。而蒙古由于是这条国际商路的出口处，所以饮茶之时较早。据《宋史·张永德传》载："永德在太原，尝令亲吏贩茶规利，阑出徼外羊市。"可见，宋朝时中国已与蒙古用茶换物，说明当时蒙古已开始饮茶了。

3. 向俄国的传播

明代对茶叶贸易控制得很严。《明史》记载："太祖时，茶法初行，驸马欧阳伦以私贩论死，而高皇后不能救。"但明朝朝廷仍有与塞外的"茶马互市"，用茶易马进行贸易往来。

据史料记载，明万历四十六年（1618 年），中国公使携茶赴俄国，向俄国沙皇馈赠茶叶。由于当时俄国从未有人饮茶，所以茶叶并未引起重视。至 18 世纪初，中国茶叶才开始销往俄国。当时，茶叶十分昂贵，只有王公贵族、地方官吏才买得起。从 18 世纪 50 年代开始，俄国逐渐形成饮茶风尚，对茶叶的需求量与日俱增。1889 年，以吉霍米罗夫为首的俄国考察团到中国研究茶的产制，回国后开辟茶园并建成茶厂，又聘请中国茶工去格鲁吉亚进行种茶技术指导，终于获得成功，从此，俄国才有了茶业。

　　4．向南亚的传播

1780 年，南亚的印度开始种茶，但一直未获得成功。为此，印度于 1834 年成立植茶问题委员会，到中国购买茶种、聘请中国茶工，种于印度的大吉岭。经过百余年的努力，直到 19 世纪后期，茶叶才在喜马拉雅山南麓的大吉岭一带发展开来。在印度之后，现今南亚的孟加拉国也开始种茶。巴基斯坦种茶也是在 1983 年中国派专家指导后才获得成功的。缅甸、柬埔寨、越南等与中国是近邻，中国茶文化都是通过陆路传播到这些国家的，这些国家种茶的历史也都比较早。

　　（三）茶的海路传播

　　1．向朝鲜半岛的传播

中国茶通过海路向外传播的历史也很早。4 世纪末 5 世纪初，饮茶之风亦开始进入朝鲜半岛。不过，当地人种茶却始于中国唐代。据《东国通鉴》记载，公元 828 年，"新罗兴德王之时，遣唐大使金氏（即金大廉），蒙唐文宗赐予茶籽，始种于金罗道智异山"。当时新罗国的教育制度还规定，除"诗、文、书、武"为必修课外，还要学习"茶礼"。12 世纪，高丽的松应寺、宝林寺等著名寺庙积极提倡饮茶，使饮茶之风很快普及到民间。自此，当地人不但饮茶，而且种茶，但由于气候等原因茶叶主要依靠进口。

　　2．向日本的传播

有人认为，中国茶叶进入日本始于汉代。因为汉光武帝时，日本派遣使臣来中国，向汉光武帝表达敬意；同时，汉光武帝也向使臣还以印绶。日本发掘出的弥生后期的文物中，发现了茶籽。另外，日本飞鸟时期药师寺的药草园中有种茶的痕迹。由此，人们推测，早在汉代时，中国的茶文化已通过海路传播到日本。但有确切史料记载的年代是在唐代。唐永贞元年（805 年），日本高僧最澄和弟子义真来中国天台山国清寺学佛，回国时，带回了茶籽，种于日本近江的台麓山，其成为日本最古老的茶园。如今，遗址尚存，并立碑为记。

次年，日本高僧空海又来华学佛，回国时也带回茶籽，种于日本京都高山寺等地。此后，日本嵯峨天皇于弘仁六年（815 年）四月巡幸近江，经过梵释寺时，该寺的永忠和尚亲手煮茶进献，天皇赐予御冠。天皇巡幸后，下令畿内、近江、丹波、播磨等地种茶作为贡品，日本的茶叶生产开始发展起来。

　　3．向欧洲的传播

清代赵翼《檐曝杂记》载："自前明设茶马御史（注：永乐十三年，即 1415 年），大西洋距中国十万里，其番舶来，所需中国之物，亦惟茶是急，满船载归，则其用且极西海以外。"可知中国茶在 15 世纪初，已较多地输往海外各国。

17 世纪初，荷兰东印度公司开始大量从中国贩运茶叶至欧洲各国。随着欧洲饮茶风尚

的盛行，普鲁士国王在波茨坦市北郊的无忧宫园林内，特地修筑了一座具有中国风格的茶亭，称"中国茶馆"，后被毁。1993年，德国政府为保护历史文物，投资200万马克，修复"中国茶馆"。

随着国际交流的频繁开展，中国茶文化会进一步走向世界，使世界上更多的人能享用到中国丰富多彩的名优茶并领略中国的品茶艺术。中国茶走出国门之后，迅即受到世界人民的青睐，成为世界人民须臾不可离且与咖啡和可可并列的世界三大无酒精饮料之一。走出国门的中国茶文化与世界各国的民族文化交流融合，形成多姿多彩的各国茶文化，促进了世界茶文化的繁荣。

拓展链接

中国茶文化之最

最先发现和利用茶的国家。据《茶经》记载："茶之为饮，发乎神农氏。"可见，神农氏是我国乃至世界上发现和利用茶的第一人。茶叶为世界三大饮料（另两种为咖啡、可可）之"圣品"，享有"东方恩物""绿色金子"的美誉。举世公认中国是茶的发源地。

最大的野生茶树。云南省勐海县境内的一棵茶树，高32米多，主干粗3米，树龄约1700年，被称为世界茶树之最。

最早的茶学专著。唐代陆羽撰述的《茶经》，是我国也是世界上最早的一部关于茶叶生产的专著。《茶经》已被译成十几国文字，在世界各地广为流传。

最早的茶事活动。《华阳国志·巴志》载，武王克殷，巴、蜀以茶等物纳贡。

茶市记载的最早文献。西汉王褒《僮约》有"武阳买茶"的文字记载，时公元59年。此前，成都周围的彭山、新津、仁寿、井研、眉山一带已有茶市。

最早引入中国茶叶的国家——日本。公元805年，日本的最澄禅师到我国浙江等地留学，把茶叶和茶籽带回日本。17世纪，茶叶传到欧洲，19世纪传到非洲。现在中国茶在国际市场上享有盛誉，成为传播友谊的桥梁。

最早的咏茶诗。西晋左思的诗《娇女》是最早提到饮茶的诗。同代还有张载《登成都楼》："芳茶冠六清，溢味播九区。"

最早的"以茶代酒"。据史书云，三国时吴国皇帝孙皓赐宴群臣必使之大醉，大臣韦曜酒量小，孙皓为照顾韦曜，便秘赐"以茶代酒"。后来，逐渐产生集体饮茶的茶宴，类似今天的"茶话会"。

课后练习

一、单选题

1. 世界上最早发现茶树和利用茶树的国家是（　　　　）。

    A. 日本　　　　　　B. 韩国　　　　　　C. 英国　　　　　　D. 中国

2. 中国茶文化的第一个高峰出现在（　　　　）。

    A. 唐代　　　　　　B. 宋代　　　　　　C. 元代　　　　　　D. 明代

3. 自（　　　　）开始，茶礼被引入老百姓的日常生活之中。

    A. 唐朝　　　　　　B. 宋朝　　　　　　C. 明清　　　　　　D. 当代

4. 红茶传入英国是在（　　　）。

   A. 17 世纪　　　　B. 16 世纪　　　　C. 15 世纪　　　　D. 14 世纪

5. 世界上第一部（　　　）的作者是陆羽。

   A. 茶书　　　　　B. 经书　　　　　C. 史书　　　　　D. 道书

二、判断题

1. 17 世纪初，荷兰东印度公司开始大量从中国贩运茶叶至欧洲各国。　　　（　　）

2. 通过茶马古道运送的货物有茶叶、马匹、内地土特产、布匹、五金、日用百货等。

                                              （　　）

3. 日本是世界上最早发现茶树和利用茶树的国家。　　　　　　　　　　　（　　）

4. 我国乃至世界现存最早、最完整、最全面的介绍茶的专著是《茶经》。　（　　）

5. 第一个从中国学习饮茶、把茶籽带到日本的人是最澄。　　　　　　　　（　　）

第三节　茶事艺文

中华茶文化源远流长，博大精深。唐代茶圣陆羽的《茶经》在历史上吹响了中华茶文化的号角。从此茶文化深入宫廷和社会，渗透到中国的诗词、绘画、书法、宗教、医学之中。几千年来，中国不但积累了大量关于茶叶种植、生产的物质文化，更积累了丰富的有关茶的精神文化，这就是中国特有的茶文化，属于文化学范畴。中国茶文化是中华民族积淀深厚、千古流传的精神文化遗产和智慧结晶。

一、茶事艺文的内涵

（一）茶事艺文的概念

茶事艺文指反映与表现茶叶栽种培育、加工制造、购销买卖、冲泡品饮等各项茶事活动的多种文学艺术形式。茶事艺文在形式上具有浓重的艺术色彩，在内容上具有明显的文化倾向。茶事艺文的双重性决定了它与中国传统文化艺术和茶叶文化有着紧密的联系，进而决定了它本身的文化地位。中国产茶、饮茶历史久远，以茶为题材的作品见于多种文学艺术形式。

（二）茶事艺文的表现形式

茶事艺文的主要表现形式有金石文字、文学、书法、绘画、歌舞和戏剧，体裁包括咏茶诗词、曲赋、楹联、散文、茶事小说、戏曲，影视以及绘画、书法、篆刻作品等。每一种表现形式又包含着几类具体的艺术形式，各种艺术形式有一定的表现手法和表现技巧，因此在茶文化的内容表现上也各有所长。

二、茶事艺文鉴赏

（一）茶诗鉴赏

在历朝历代中，很多著名的诗词作者都有相当优美的咏茶作品流传于世。尤其是在诗

词鼎盛的唐宋时期，众多文人雅士如白居易、李白、柳宗元、刘禹锡、皮日休、韦应物、温庭筠、陆游、欧阳修、苏轼等，他们不仅酷爱饮茶，而且还在自己的佳作中描写和歌颂过茶叶。

1. 元稹宝塔茶诗《一字至七字诗·茶》

唐代诗人元稹有一首宝塔茶诗《一字至七字诗·茶》，首字一字一句，次句二字二句，依次而至七字两句，成宝塔形排列。

茶，

香叶，嫩芽，

慕诗客，爱僧家。

碾雕白玉，罗织红纱。

铫煎黄蕊色，碗转麹尘花。

夜后邀陪明月，晨前命对朝霞。

洗尽古今人不倦，将知醉后岂堪夸。

2. 卢仝《走笔谢孟谏议寄新茶》

有"茶中亚圣"之称的唐代诗人卢仝，自号玉川子，爱茶成癖。著有一首《走笔谢孟谏议寄新茶》，又名《七碗茶诗》或者《饮茶歌》，非常有名，是一首脍炙人口、流传千古的经典佳作。诗全文如下。

日高丈五睡正浓，军将打门惊周公。

口云谏议送书信，白绢斜封三道印。

开缄宛见谏议面，手阅月团三百片。

闻道新年入山里，蛰虫惊动春风起。

天子须尝阳羡茶，百草不敢先开花。

仁风暗结珠琲瓃，先春抽出黄金芽。

摘鲜焙芳旋封裹，至精至好且不奢。

至尊之馀合王公，何事便到山人家？

柴门反关无俗客，纱帽笼头自煎吃。

碧云引风吹不断，白花浮光凝碗面。

一碗喉吻润，二碗破孤闷。

三碗搜枯肠，唯有文字五千卷。

四碗发轻汗，平生不平事，尽向毛孔散。

五碗肌骨清，六碗通仙灵。

七碗吃不得也，唯觉两腋习习清风生。

蓬莱山，在何处？玉川子乘此清风欲归去。

山上群仙司下土，地位清高隔风雨。

安得知百万亿苍生命，堕在巅崖受辛苦。

便为谏议问苍生，到头还得苏息否？

（二）茶画欣赏

1. 顾闳中《韩熙载夜宴图》

五代画家顾闳中绘《韩熙载夜宴图》（图1-6），此画充分表现了当时贵族们聚会的内容——品茶、听琴。画中长条几上放有茶壶、茶碗和茶点，主人斜坐榻上，宾客们或坐或站。从画上看，众人似乎都被左手边的弹琴者所奏的乐曲所吸引。

图1-6 【五代】顾闳中《韩熙载夜宴图》（局部）

2. 赵原《陆羽烹茶图》

元代赵原所作《陆羽烹茶图》（图1-7），纵27厘米，横78厘米，为台北故宫博物院收藏。此画以陆羽烹茶为主题，用水墨画形式勾勒出远山近水，一派闲适恬静的意境跃然纸上。草堂上的陆羽，按膝斜坐于榻上，旁边有一小童，正在拥炉烹茶。图上题诗云："山中茅屋是谁家，兀坐闲吟到日斜，俗客不来山鸟散，呼童汲水煮新茶。"

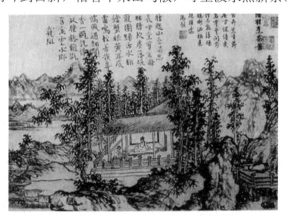

图1-7 【元】赵原《陆羽烹茶图》（局部）

3. 丁云鹏《煮茶图》

故宫博物院收藏的明代画家丁云鹏所作《玉川煮茶图》（图1-8），生动地描绘了卢仝饮茶的画面。丁云鹏（1547—1628年），字南羽，号圣华居士，安徽休宁人。此图正是描绘了卢仝《走笔谢孟谏议寄新茶》诗中的意境。画中卢仝坐在芭蕉林下、假山之旁，手执团扇，目视茶炉，正在聚精会神煨煮茶汤。图下一长须仆捡壶而行，似是汲泉而去，左边一位赤脚婢女，双手捧果盘而来。画面人物神态生动，描绘出了煮泉品茗的真实情景。

无锡市博物馆收藏有丁云鹏的另一幅《煮茶图》（图1-9），全图纵140.5厘米，横57.8厘米。画中，卢仝坐榻上，背后的假山和开放的白玉兰生动雅致。卢仝双手置于膝上，榻边置一煮茶炉，炉上茶瓶正在煮水，榻前几上有茶罐、茶壶，置于茶托上的茶碗等，旁有一仆人正蹲地取水。榻旁有一老婢双手端果盘正走过来。

图 1-8 【明】丁云鹏《玉川煮茶图》　　　　图 1-9 【明】丁云鹏《煮茶图》

4. 唐寅《事茗图》

《事茗图》（图 1-10）是唐寅所作茶画中一幅体现明代茶文化的名作。此画右上角，有唐伯虎自题诗："日常何所事？茗碗自矜持。料得南窗下，清风满鬓丝。"《事茗图》，不管是画还是书，都是明代书画中的上乘佳作。画的正中，一条溪水正从云雾缭绕的山间潺潺流下，朦胧有韵；近处，巨石苍松，清晰生动。在小溪的左面，几间房屋在松林掩映下犹如世外桃源，饱含"采菊东篱下，悠然见南山"的清雅意境。

图 1-10 【明】唐寅《事茗图》（局部）

5. 汪承霈《群仙集祝图》

清代汪承霈《群仙集祝图》（图 1-11），纵 27 厘米，横 235.1 厘米，为台北故宫博物院所藏。此画以工笔方式描绘了斗茶会上的各种人物形象，他们有的在准备茶碗，有的自己先饮为快，有的评头论足，有的在察言观色。人物造型写实，神态各异，极富生活气息。

6. 齐白石《煮茶图》

近代名家齐白石的作品《煮茶图》（图1-12），画中一把蒲扇斜置于火炉一旁，一把提梁壶正安放在火炉之上，似乎（主人）正在煮水准备沏茶。恬淡悠然，自在安详，煮茶场景跃然纸上。

图1-11 【清】汪承霈《群仙集祝图》　　　　图1-12 齐白石《煮茶图》

7. 丰子恺茶画

丰子恺（1898年11月9日—1975年9月15日），是中国现代画家、散文家、教育家、书法家和翻译家，以中西融合画法创作漫画以及散文而闻名。丰子恺喜爱创作茶画，其存世茶画可分为三类：或表现日常生活，或为古诗词造境，或为抒发个人情感。这些画结合了茶的物质性和精神性，既质朴简单，又意境深远。

1924年，题为"人散后，一钩新月天如水"的漫画发表在朱自清、俞平伯合办的杂志《我们的七月》上，这是丰子恺的成名作。这幅画作的题字，来源于一首宋词，给人以无限想象力。1942年，丰子恺作《茶店一角》（图1-13），图中柱子上告示文字为"莫谈国事"，表现了那个时代的沉重压抑。丰子恺的漫画，多为日常生活情景（图1-14），三位好友，小院闲坐，大家品茗闲话，且留一个位置给小院盛开的梅花，实为雅事。

图1-13 丰子恺《茶店一角》　　　　图1-14 丰子恺所绘日常生活情景

（三）茶与书法欣赏

1. 怀素《苦笋帖》

唐代怀素的《苦笋帖》（图1-15）是一封回信。来信的内容大概如下：来过信或捎过话，说手头有苦笋和茶，不知道你需不需要，找个时间给你送来。怀素的回信干脆得没有一句废话——苦笋和茶？太好了！你快送来吧。怀素的《苦笋帖》之所以是稀世瑰宝，有三个原因。第一，它是书法珍品，虽然幅短字少（纵25.1厘米，横12厘米），但却是怀素最为可靠的真迹，现藏于上海博物馆。第二，这是现存最早的与茶有关的佛门手札，侧面反映了唐代茶文化和佛教的关系。第三，这也是茶文化史上的无价之宝，它告诉我们怀素是那么爱茶、懂茶、渴望得到好茶，反映了唐代茶文化的氛围。

图1-15 【唐】怀素《苦笋帖》

2. 苏轼《一夜帖》

《一夜帖》又名《致季常尺牍》（图1-16），是北宋苏轼谪居在黄州（今河南黄冈）时写给朋友陈季常的信札。其文曰："一夜寻黄居寀龙不获，方悟半月前是曹光州借去摹榻，更须一两月方取得。恐王君疑是翻悔，且告子细说与，才取得，即纳去也。却寄团茶一饼与之，旌其好事也。轼白，季常。廿三日。"

图1-16 【北宋】苏轼《一夜帖》

3. 米芾《苕溪诗帖》

《苕溪诗帖》是北宋米芾的代表作之一（图1-17）。诗中记述了他受到朋友的热情款待，每天酒肴不断。一次，米芾身体不适，便以茶代酒，事后作了一首诗。诗曰："半岁依修竹，三时看好花。懒倾惠泉酒，点尽壑源茶，主席多同好，群峰伴不哗，朝来还蠹简，便起故巢嗟。"

图1-17 【北宋】米芾《苕溪诗帖》（局部）

课后练习

一、单选题

1. 一碗喉吻润，两碗破孤闷，三碗搜枯肠，唯有文字五千卷。以上文字出自茶诗（　　）。

    A. 《走笔谢孟谏议寄新茶》   B. 《谢木韫之舍人分送讲筵赐茶》

    C. 《饮茶歌诮崔石使君》   D. 《一字至七字诗·茶》

2. 《苕溪诗帖》的作者是（　　）。

    A. 米芾   B. 李白   C. 王羲之   D. 陆羽

3. 《苦笋帖》是（　　）的书法作品。

    A. 王羲之   B. 怀素   C. 米芾   D. 苏轼

4. 《一字至七字诗·茶》的作者是（　　）。

    A. 元稹   B. 苏轼   C. 杜甫   D. 李白

5. 丰子恺的成名作是题为"（　　）"的漫画。

    A. 山高月小，水落石出   B. 燕归人未归

    C. 人散后，一钩新月天如水   D. 小桌呼朋三面坐，留将一面与梅花

二、判断题

1. 收藏于台北故宫博物院的《陆羽烹茶图》是元代赵原所作。   （　　）

2. 《群仙集祝图》是清代汪承霈的作品。   （　　）

3. 《一夜帖》又名《致季常尺牍》，是北宋黄庭坚谪居在黄州时写给朋友陈季常的信札。

                （　　）

4. 茶事艺文的主要表现形式为金石文字、文学、书法、绘画、歌舞和戏剧等。

                （　　）

5. 《七碗茶诗》的作者是唐代诗僧皎然。   （　　）

第二章
饮茶习俗

学习目标

1. 了解我国不同民族的饮茶习俗。
2. 知晓世界不同国家的饮茶习俗。

实训目标

1. 熟练掌握不同民族饮茶特点及相关茶礼。
2. 能够表演具有代表意义的民族特色茶艺。

本章导读

"千里不同风，百里不同俗。"由于所处地理环境和历史文化不同以及生活风俗各异，世界上每个国家的饮茶风俗也各不相同。在充分了解了不同国家或地区的饮茶风俗知识后，尊重与推广茶文化，是茶艺人员的基本责任。

第一节　中国各民族饮茶习俗

一、饮茶习俗的类型

饮茶风俗尽管千姿百态，但是若以茶与佐料、饮茶环境等为基点，主要可分为 3 种类型。

（一）讲究清雅怡和的饮茶习俗

茶叶以煮沸的水冲泡，顺乎自然，清饮雅尝，寻求茶之原味，重在意境，与我国古老的"清净"传统思想相吻合，这是茶的清饮特点。我国江南的绿茶、北方的花茶、西南的普洱茶、闽粤一带的乌龙茶以及日本的蒸青茶均属此列。

（二）讲求兼有佐料风味的饮茶习俗

此种饮茶习俗的特点是烹茶时添加各种佐料。如西南边陲地区的酥油茶、盐巴茶、奶茶以及侗族的打油茶、土家族的擂茶，又如欧美的牛乳红茶、柠檬红茶、多味茶、香料茶等，均兼有佐料的特殊风味。

（三）讲求多种享受的饮茶习俗

此种饮茶习俗指饮茶者除品茶外，还备以茶点，伴以歌舞、音乐、书画、戏曲等。如北京的老舍茶馆、杭州的御乐堂戏茶食驿。

二、汉族的饮茶习俗

汉民族的饮茶方式，大致有品茶和喝茶之分。品茶重在意境，以鉴别香气、滋味，欣赏茶姿、茶汤，观察茶色、茶形为目的，自娱自乐。凡品茶者，得以细啜缓咽，注重精神享受。倘在劳动之际，汗流浃背，或炎夏暑热，以清凉、消暑、解渴为目的，手捧大碗急饮者；或不断冲泡，连饮带咽者，谓之喝茶。

汉族饮茶，虽然方式有别、目的不同，但大多推崇清饮，其方法就是将茶直接用滚开水冲泡，无须在茶汤中加入姜、椒、盐、糖等佐料，属纯茶原汁本味饮法。汉族认为清饮最能保持茶的"纯粹"，体现茶的"本色"。

（一）杭州品龙井

龙井，既是茶的名称，又是种名、地名、寺名、井名，可谓"五名合一"。杭州西湖龙井茶，色绿、形美、香郁、味醇，用虎跑泉泉水泡龙井茶，更是"杭州一绝"。品饮龙井茶，首先要选择一个幽雅的环境。其次，要学会龙井茶的品饮技艺。沏龙井茶的水以 80 ℃ 左右为宜，泡茶用的杯以白瓷杯或玻璃杯为上，泡茶用的水以山泉水为最。每杯撮上 3～4 克茶，加水七到八分满即可。品饮时，应先慢慢拿起清澈明亮的杯子，细看杯中翠叶碧水，观察多变的叶姿。而后，将杯送至鼻端，深深地嗅一下龙井茶的嫩香，顿时心舒神清。看罢、闻罢，然后再缓缓品味，清香、甘醇、鲜爽之味沁人心脾。

（二）潮汕啜乌龙

在闽南及广东的潮州、汕头一带，几乎家家户户、男女老少都钟情于用小杯细啜乌龙。乌龙茶既是茶类的品名，又是茶树的种名。啜茶用的小杯，称为若琛瓯。啜乌龙茶很有讲究，与之配套的茶具，诸如风炉、烧水壶、茶壶、茶杯，谓之"烹茶四宝"。泡茶用水应选择甘洌的山泉水，而且必须做到沸水现冲。经温壶、置茶、冲泡、斟茶入杯，便可品饮。

（三）成都盖碗茶

汉民族居住的大部分地区都有喝盖碗茶的习俗。盖碗茶盛于清代，随着汉族茶文化的传播，如今，在四川成都、云南昆明等地，已成为当地茶楼、茶馆等饮茶场所的一种传统饮茶方法，一般家庭待客，也常用此法饮茶。

（四）羊城早市茶

早市茶，又称早茶，喝早茶的地区中历史最久、影响最深的是羊城广州。广州人无论在早上工前，还是在工作之余，抑或是朋友聚议，总爱去茶楼泡上一壶茶，要上两件点心，美名"一盅两件"，如此品茶尝点，润喉充饥，风味横生。广州人品茶大都一日早、中、晚三次，但早茶最为讲究，饮早茶的风气也最盛，由于饮早茶是喝茶佐点，因此当地称"饮早茶"为"吃早茶"。

三、少数民族饮茶习俗

（一）藏族的酥油茶

藏族主要分布在我国西藏及云南、四川、青海、甘肃等省的部分地区。这些地区海拔高，空气稀薄，气候高寒干旱。当地居民以放牧或种旱地作物为生，蔬菜瓜果很少，常年以奶、肉、糌粑为主食。"其腥肉之食，非茶不消；青稞之热，非茶叶不解。"茶叶成了当地人们补充营养的主要来源，喝酥油茶（图 2-1）便如同吃饭一样重要。

图 2-1　藏族酥油茶

制作酥油茶要先把茶砖切开捣碎，加适量的水煮沸后滤出茶渣，调入食用酥油。茶汁和酥油就混合成乳白色的"酥油茶"。每有宾客来访，全家人在帐篷外恭候，待客人进帐坐定后，女主人即用双手缓缓捧上酥油茶敬给来宾，使客人有宾至如归之感。

关于酥油茶有这样一个传说。相传在我国唐朝时期，文成公主远嫁入藏，随行带了各色名茶。文成公主因不适应藏族人以肉食为主、多吃腥膻的生活习惯，便想出一个办法，在早餐时，将茶和奶放在一起来喝。久而久之便养成了一种习惯，在喝茶时加上一些奶和糖，这就是最初的奶茶。

很快饮茶之风开始盛行，文成公主还建议用西藏土特产如牛羊、毛皮、鹿茸等去内地换取茶叶。在长期的饮茶体验中，人们逐渐体会到饮茶的种种妙处，既可以醒脑提神，又能去除油腻，这对于以肉食为主的藏族群众尤为重要。同时，为了提升饮茶品位和增加乐趣，他们还在打制酥油茶时，加进核桃仁、牛奶、鸡蛋、葡萄干等，使酥油茶更加柔润清爽，余香满口。

（二）蒙古族的咸奶茶

蒙古族主要居住在内蒙古自治区及其邻近的一些地区，喝咸奶茶（图 2-2）是蒙古族的传统习俗。在牧区，他们习惯于"一日三餐茶"，却往往是"一日一顿饭"。每日清晨，主妇第一件事就是先煮一锅咸奶茶，供全家整天享用。蒙古族喜欢喝热茶，早上，他们一边喝茶，一边吃炒米。将剩余的茶放在微火上暖着，供随时取饮。通常一家人只在晚上放牧回家时才正式用餐一次，但早、中、晚三次喝咸奶茶一般是不可缺少的。

图 2-2　蒙古族咸奶茶

蒙古族喝的咸奶茶，用的多为青砖茶或黑砖茶，煮茶的器具是铁锅。制作时，应先把砖茶打碎，并将洗净的铁锅置于火上，盛水 2～3 千克，烧水至刚沸腾时，加入打碎的砖茶 25 克左右。当水再次沸腾 5 分钟后，掺入奶，用量为水的五分之一左右。稍加搅动，再加入适量盐巴。等到整锅咸奶茶开始沸腾，即可盛在碗中待饮。

煮咸奶茶的技术性很强，茶汤滋味的好坏，营养成分的多少，与用茶、加水、掺奶以及加料次序的先后都有很大的关系。如茶叶放迟了，或者加茶和奶的次序颠倒了，茶味就会出不来。而煮茶时间过长，又会丧失茶香味。蒙古族同胞认为，只有器、茶、奶、盐、温五者互相协调，才能制成咸香可宜、美味可口的咸奶茶。为此，蒙古族妇女都练就了煮咸奶茶的好手艺。从姑娘懂事起，做母亲的就会悉心向她传授煮茶技艺。当姑娘出嫁时，在新婚燕尔之际，也得当着亲朋好友的面，显露一下煮茶的本领。要不，就会有缺少家教之嫌。

（三）维吾尔族的香茶

维吾尔族主要居住在新疆天山以南，爱喝香茶（图 2-3），他们认为香茶有养胃提神的作用，是一种营养价值极高的饮料。

图 2-3　维吾尔族香茶

新疆南部的维吾尔族煮香茶时，使用的是铜制的长颈茶壶，也有用陶质、搪瓷或铝制长颈壶的，而喝茶用的是小茶碗，这与新疆北部的维吾尔族煮奶茶使用的茶具是不一样的。制作香茶时，通常先将茯砖茶敲碎成小块状。同时，在长颈壶内加水至七八分满加热，当水刚沸腾时，抓一把碎块砖茶放入壶中，当水再次沸腾约 5 分钟时，则将预先准备好的适量姜、桂皮、胡椒等细末香料，放进煮沸的茶水中，轻轻搅拌，3 ～ 5 分钟即成。为防止倒茶时茶渣、香料混入茶汤，在煮茶的长颈壶上往往套一个过滤网，以免茶汤中带渣。

新疆南部的维吾尔族老乡喝香茶，习惯于一日三次，与早、中、晚三餐同时进行，通常是一边吃馕，一边喝茶，这种饮茶方式是一种以茶代汤、用茶作菜之举。

（四）哈萨克族的奶茶

哈萨克族主要居住在新疆天山以北，茶在他们的生活中占有很重要的地位，与吃饭一样重要。他们的体会是"一日三餐有茶，提神清心，劳动有劲；三天无茶落肚，浑身乏力，懒得起床"。

图 2-4　哈萨克族奶茶

哈萨克族煮奶茶（图 2-4）使用的器具，通常是铝锅或铜壶，喝茶用大茶碗。煮奶茶时，先将茯砖茶打碎成小块状。同时，盛半锅或半壶水加热。沸腾时，放入一把碎砖茶，待煮沸 5 分钟左右，加入牛奶，用量约为茶汤的五分之一。轻轻搅动几下，使茶汤与奶混和，再投入适量盐巴，重新煮沸 5 分钟即成。讲究的人家，也有不加盐巴而加食糖和核桃仁的。一锅热乎乎、香喷喷、油滋滋的奶茶煮好了，可随时饮用。新疆北部少数民族兄弟习惯于一日早、中、晚三次喝奶茶，中老年人还得上午和下午各增加一次。如果有客从远方来，那么，主人就会立即迎客入帐，席地围坐。好客的女主人当即在地上铺一块洁净的白布，献上烤羊肉、馕、奶油、蜂蜜、苹果等，再奉上一碗奶茶。如此，一边谈事叙谊，一边喝茶进食，饶有风趣。

初饮者喝奶茶会感到滋味苦涩而不大习惯，但只要在高寒、缺蔬菜、食奶肉的新疆北部住上十天半月，就会感到奶茶实在是一种补充营养和去腻消食不可缺少的饮料。

（五）回族的刮碗子茶

图2-5　回族的刮碗子茶

回族主要分布在我国的西北地区，以宁夏、青海、甘肃三省（区）最为集中。回族居住处多在高原沙漠，气候干旱寒冷，缺乏蔬菜，以食牛羊肉、奶制品为主。而茶叶中存在的大量维生素和多酚类物质，不但可以弥补蔬菜不足情况，而且还有助于去油除腻，帮助消化。所以，自古以来，茶一直是回族同胞的生活必需品。

回族饮茶最有代表性的是喝刮碗子茶（图2-5）。刮碗子茶用的茶具，俗称"三件套"。它由茶碗、碗盖和碗托或盘组成。茶碗盛茶，碗盖保香，碗托防烫。喝茶时，一手提托，一手握盖，并用盖顺碗口由里向外刮几下，这样一则可拨去浮在茶汤表面的泡沫，二则使茶味与添加食物相融，刮碗子茶的名称也由此而生。

刮碗子茶用的多为普通炒青绿茶，冲泡茶时，茶碗中除放茶外，还放有冰糖与多种干果，如苹果干、葡萄干、柿饼、桃干、红枣、桂圆干、枸杞等，有的还要加上白菊花、芝麻之类，通常多达8种，故也有人美其名曰"八宝茶"。由于刮碗子茶中食品种类较多，加之各种配料在茶汤中的浸出速度不同，因此，每次续水后喝起来的滋味是很不一样的。一般说来，刮碗子茶用沸水冲泡，随即加盖，经5分钟后开饮，第一泡以茶的滋味为主，主要是清香甘醇；第二泡因糖的作用，就有浓甜透香之感；第三泡开始，茶的滋味开始变淡，各种干果的味道弥散而来，具体依所添的干果而定。大体说来，一杯刮碗子茶，能冲泡五六次，甚至更多。回族同胞认为，喝刮碗子茶次次有味，且次次不同，又能去腻生津，滋补强身，是一种甜美的养生茶。

（六）苗族的八宝油茶汤

图2-6　苗族的八宝油茶汤

居住在鄂西、湘西、黔东北一带的苗族有喝油茶汤（图2-6）的习惯。他们说："一口不喝油茶汤，满桌酒菜都不香。"倘有宾客进门，他们则会用八宝油茶汤款待。八宝油茶汤的制作比较复杂，先将玉米（煮后晾干）、黄豆、花生米、团散（一种米面薄饼）、豆腐干丁、粉条等分别用茶油炸好，分装入碗待用。

接着是炸茶，特别要把握好火候，这是制作的关键技术。具体做法是：放适量茶油在锅中，待油冒出青烟时，加入茶叶和花椒翻炒，待茶叶色转黄发出焦香时，即可倾水入锅，放上姜丝。一旦锅中水煮沸，再徐徐掺入少许冷水。

等水再次煮沸时，加入适量食盐和少许大蒜、胡椒之类，用勺稍加搅拌，随即将锅中茶汤连同佐料一一倾入盛有油炸食品的碗中，这样就算把八宝油茶汤制好了。

待客敬油茶汤时，多由主妇用双手托盘，盘中放上几碗八宝油茶汤，每碗放上一只汤匙，彬彬有礼地敬奉客人。这种油茶汤，由于用料讲究，制作精细，一碗在手，清香扑鼻，沁人肺腑，既解渴又饱肚，还有特异的风味。

（七）土家族的擂茶

土家族主要分布于湘、鄂、黔、渝东南交界的武陵山区。土家族的擂茶（图2-7），又名三生汤，是一种特色食品，起源于汉代。相传汉武帝时期，将军马援率兵南下交战，途径湘西武陵地区时正值盛夏，无数士兵患有当地流行的瘟疫，民间一老翁以祖传秘方——擂茶献之，将士们病情迅速好转，之后，土家族擂茶就广泛流传于民间，至今土家族人一直都保留喝擂茶的习惯。擂茶一般都用大米、花生、芝麻、

图2-7 土家族的擂茶

绿豆、食盐、茶叶、山苍子、生姜等为原料，用擂钵捣烂成糊状，冲开水和匀，加上炒米，清香可口。

做擂茶时，擂者坐下，双腿夹住一个陶制的擂钵，抓一把绿茶放入钵内，握一根半米长的擂棍，频频舂捣、旋转。边擂边不断地给擂钵内添些芝麻、花生仁、草药（香草、黄花、香树叶、牵藤草等）。待钵中的东西捣成碎泥，茶便擂好了。然后，用一把捞瓢筛滤擂过的茶，投入铜壶，加水煮沸，满堂飘香。擂茶有解毒的功效，既可食用，又可药用；既可解渴，又可充饥。

（八）侗族、瑶族的打油茶

侗族、瑶族主要分布在云南、贵州、湖南、广西等地区，都喜欢喝油茶（图2-8）。在喜庆佳节，或亲朋贵客进门，侗族人和瑶族人总喜欢用做法讲究、佐料精选的油茶款待客人。油茶是侗乡人必不可少的家常饮料，也是待客的佳品。"打油茶"所用炊具很简单，只需一口炒锅、一把竹篾编成的茶滤、一只汤勺。佐料一般有茶油、茶叶（最好是粗加工的清明茶）、阴米（糯米蒸熟后散开再凉干即成粒状的阴米）、花生仁、黄豆、葱花。而丰盛些的油茶还有糯米甜水圆、白糍粑粑、公鱼仔、猪肝粉肠。待佐料配齐，架锅生火就可以"打油茶"了。打油茶一般经过4道程序。

图2-8 侗族、瑶族的打油茶

（1）选茶：通常有两种茶可供选用，一是经专门烘炒的末茶；二是刚从茶树上采下的幼嫩新梢，这可根据各人口味而定。

（2）选料：打油茶用料通常有花生仁、玉米花、黄豆、芝麻、糯粑、笋干等，应预先制作好待用。

（3）煮茶：先生火，待锅底发热，放适量食油入锅，待油面冒青烟时，立即投入适量茶叶入锅翻炒，当茶叶散发出清香时，加上少许芝麻、食盐，再炒几下，即放水加盖，煮沸3～5分钟，即可将油茶连汤带料起锅盛碗待喝。一般家庭自喝，这又香、又爽、又鲜的油茶已算打好了。

（4）配茶：如果打油茶是作为庆典或宴请用的，那么，还得进行第四道程序，即配茶。配茶就是将事先准备好的食料，先行炒熟，取出放入茶碗中备好。然后从茶汤中捞出茶渣，趁热倒入备有食料的茶碗中供客人吃茶。

奉茶时，一般当主妇快要把油茶打好时，主人就会招待客人围桌入坐。油茶碗内加有许多食料，因此还得用筷子相助。与其说是喝油茶，还不如说吃油茶更为贴切。吃油茶时，客人为了表示对主人热情好客的回敬、赞美油茶的鲜美可口，会称道主人的手艺不凡，总是边喝、边啜、边嚼，在口中发出"啧啧"的声响，还赞口不绝。

图 2-9　壮族的咸油茶

（九）壮族的咸油茶

壮族主要分布在广西，以及毗邻的湖南、广东、贵州、云南等地山区。壮族的饮茶风俗很奇特，他们都喜欢喝一种类似菜肴的咸油茶（图2-9），认为油茶可以充饥健身、祛邪去湿、开胃生津，还能预防感冒，是一种健身饮料。

做咸油茶时很注重原料的选配。主料茶叶，首选茶树上生长的健嫩新梢，采回后，用沸水烫一下，再沥干待用。配料常见的有大豆、花生米、糯粑、米花之类，制作讲究的还配有炸鸡块、爆虾子、炒猪肝等。另外，还备有食油、盐、姜、葱或韭段等佐料。制咸油茶，先将配料或炸、或炒、或煮，制备完毕，分装入碗。而后起油锅，将茶叶放在油锅中翻炒，待茶叶色转黄，散发出清香时，加入适量姜片和食盐，再翻动几下，随后加水煮沸3～4分钟，待茶叶汁水浸出后，捞出茶渣，再在茶汤中撒上少许葱花或韭段。少时，即可将茶汤倾入已放有配料的茶碗中，并用调匙轻轻地搅动几下，这样才算将香中透鲜、咸里显爽的咸油茶做好了。

咸油茶是一种高规格的礼仪，因此，按当地风俗，客人喝咸油茶，一般不少于三碗，三碗不见外。

图 2-10　傈僳族的油盐茶

（十）傈僳族的油盐茶

傈僳族主要聚居在云南的怒江，是一个质朴而又十分好客的民族，喝油盐茶（图2-10）是傈僳族广为流行而又十分古老的饮茶习俗。

傈僳族喝的油盐茶，制作方法奇特，首先将小陶罐在火塘（坑）上烘热，然后在罐内放入适量茶叶，在火塘上不断翻，使茶叶烘烤均匀。待茶叶变黄，并发出焦香时，再加上少量食油和盐。少时，再加适量水，煮沸3分钟左右，就可将罐中茶汤倾入碗中待喝。

油盐茶因在茶汤烧煮过程中，加入了食油和盐，所以，喝起来香喷喷、油滋滋、咸兮兮，茶汤浓郁醇厚。它常被傈僳族同胞用来招待客人，也是家人团聚喝茶的一种生活方式。

（十一）拉祜族的烤茶

拉祜族主要分布在云南省的澜沧地区和双江、孟连等县，其余散居在云南省的普洱、临沧等地。在拉祜语中，"拉"是捕获猛虎，"祜"是大家分食的意思。

拉祜族同胞生活中保留着不少较为原始的风俗，饮烤茶就是拉祜族古老而传统的一种饮茶方式。饮烤茶，通常分四道程序进行。

（1）装茶抖烤（图2-11）。先用一只小陶罐，放在火塘上用火烤热，然后放上适量茶叶抖烤，使茶受热均匀，待茶叶色转黄并发出焦香为止。

（2）沏茶去沫（图2-12）。用沸水冲满装茶的小陶罐，随即拨去上部浮沫，再注满沸水，煮沸3～5分钟待饮。然后倒出少许，根据浓淡决定是否另加开水。

（3）倾茶敬客（图2-13）。将在罐内烤好的茶水倾入茶碗，奉茶敬客。

（4）喝茶啜味（图2-14）。拉祜族人认为，香气足、味道浓、能振精神的烤茶才是上等好茶。

图2-11　烤茶罐

图2-12　倒茶

图2-13　敬茶

图2-14　饮茶

（十二）佤族的苦茶

佤族主要分布在云南的沧源、西盟、耿马、双江、镇康、孟连等县。佤族人喜欢喝苦茶（图2-15）。苦茶是佤族把自己加工的大叶绿茶用锅烤成黄色、烤出香味，再放入底大口小的小陶缸里，约七成满，然后注入清水，用炭火煎熬。缸内放入小木片，不时地用木片把茶叶压下，不让其溢出缸外。第一次注入的水煎熬干后，再加入清水。大致煎熬到只剩一半水时，即可饮用。这种茶味酽而苦，故称苦茶。佤族煎苦茶，一般是在中午和晚上。中午在

田边地头，喝上一碗苦茶，能解渴去乏。晚上围坐火塘，喝上一碗苦茶，能提神醒脑。

图 2-15　佤族的苦茶

　　佤族的苦茶，还有一种别致的冲泡方法：铁板烧。它不同于一般的烤茶，通常先用茶壶将水煮开，与此同时，另选一块整洁的薄铁板，放上适量茶叶，移到烧水的火塘边烘烤。为使茶叶受热均匀，还得轻轻抖动铁板。待茶叶发出清香、叶片转黄时随即将茶叶倾入开水壶中进行煮茶，沸腾 3 ～ 5 分钟后，将茶置入茶盅，以便饮用。由于这种茶经烤煮而成，喝起来焦中带香，苦中带涩，故而谓之苦茶。

图 2-16　纳西族的"龙虎斗"

（十三）纳西族的"龙虎斗"和盐茶

　　纳西族主要居住在风景秀丽的云南省丽江市，这是一个喜爱喝茶的民族。他们平日爱喝一种具有独特风味的"龙虎斗"（图 2-16）。此外，还喜欢喝盐茶。

　　纳西族喝的"龙虎斗"的制作方法很奇特。首先用水壶将水烧开。另选一只小陶罐，放上适量茶，连罐带茶烘烤。为免将茶叶烤焦，还要不断转动陶罐，使茶叶受热均匀。待茶叶发出焦香时，向罐内冲入开水，烧煮 3 ～ 5 分钟。同时，准备茶盅，再倒入半盅白酒，然后将煮沸的茶水猛然倒进盛有白酒的茶盅内。这时，茶盅内会发出"啪啪"的响声，纳西族同胞将此看作吉祥的征兆。声音越响，在场者就越高兴。纳西族认为"龙虎斗"还是治感冒的良药，因此，提倡趁热喝下。

　　纳西族喝的盐茶，其冲泡方法与"龙虎斗"相似，不同的是在预先准备好的茶盅内放的不是白酒而是食盐。此外，也有不放食盐而改换食油或糖的，分别取名为油茶或糖茶。

（十四）白族的三道茶

　　白族散居在我国西南地区，主要分布在风光秀丽的云南大理。这是一个好客的民族，在生辰寿诞、男婚女嫁、拜师学艺等喜庆日子里，或是在亲朋宾客来访之际，都会以"一苦、二甜、三回味"的三道茶款待客人（图 2-17）。制作

图 2-17　白族三道茶

三道茶时，每道茶的制作方法和所用原料都是不一样的。

第一道茶，称为"清苦之茶"，寓意做人的哲理：要立业，就要先吃苦。制作时，先将水烧开，再将一只小砂罐置于文火上烘烤。待罐烤热后，随即取适量茶叶放入罐内，并不停地转动砂罐，使茶叶受热均匀，待罐内茶叶"啪啪"作响、叶色转黄、发出焦香时，立即注入已经烧沸的开水。随后主人将沸腾的茶水倾入茶盅，再用双手举盅献给客人。这种茶经烘烤、煮沸而成，因此，看上去色如琥珀，闻起来焦香扑鼻，喝下去滋味苦涩，故而谓之苦茶。苦茶通常只有半杯，要一饮而尽。

第二道茶，称为"甜茶"。当客人喝完第一道茶后，主人重新用小砂罐置茶、烤茶、煮茶，与此同时，还得在茶盅内放入少许红糖，待茶汤煮好，将其倾入盅内八分满为止。这样沏成的茶，甜中带香，甚是好喝，它寓意"人生在世，做什么事，只有吃得了苦，才会有甜香来"。

第三道茶，称为"回味茶"。其煮茶方法虽然与前两道茶相同，但茶盅中放的佐料已换成适量蜂蜜、少许炒米花、若干粒花椒、一撮核桃仁，茶汤容量通常为六七分满。饮第三道茶时，一般是一边晃动茶盅，使茶汤和佐料均匀混合；一边口中呼呼作响，趁热饮下。这杯茶，喝起来甜、麻、苦、辣，各味俱全，回味无穷。它告诫人们，凡事要多"回味"，切记"先苦后甜"的哲理。

（十五）傣族的竹筒香茶

竹筒香茶（图2-18）是傣族人民喜爱的别具风味的一种茶饮料。傣族世代生活在我国云南的南部和西南部地区，以西双版纳最为集中，这是一个能歌善舞而又热情好客的民族。

竹筒茶的制作方法，一般可分为三步进行。第一步装茶，将晒干的春茶或经初加工而成的毛茶，装入刚刚砍回的生长期为一年左右的鲜嫩竹筒中。第二步烤茶，

图2-18　傣族的竹筒香茶

将装有茶叶的竹筒，放在火塘三脚架上烘烤，约6～7分钟后，竹筒内的茶便软化。这时，用木棒将竹筒内的茶压紧，而后再填满茶烘烤。如此边填、边烤、边压，直至竹筒内的茶叶填满压紧为止。第三步取茶，待茶叶烘烤完毕，用刀剖开竹筒，取出圆柱形的竹筒茶，以待冲泡。

泡茶时，大家围坐在小圆竹桌四周，先掰下少许竹筒茶，放在茶碗中，冲入沸水至七八分满，大约3～5分钟后，就可以饮茶。竹筒茶饮起来，既有茶的醇厚滋味，又有竹的浓郁清香，非常可口。

（十六）景颇族的腌茶

居住在云南省德宏地区的景颇族、德昂族等民族，至今仍保留着一种以茶作菜的食茶方法。吃腌茶（图2-19）就是其中之一。

腌茶一般在雨季进行制作，所用的茶叶是未经加工的鲜叶。制作时，先用清水将从茶树上采回的鲜叶洗净，沥去鲜叶表面附着的水后待用。腌茶时，用竹篾将鲜叶摊晾，而后稍加

图2-19　景颇族的腌茶

搓揉，再撒上适量辣椒、食盐，拌匀后放入罐内或竹筒内，用木棒舂紧，将罐（筒）口盖紧或用竹叶塞紧。静置两三个月，至茶叶色泽开始转黄，就算将茶腌好了。将腌好的茶从罐内取出晾干，然后装入瓦罐，随食随取。讲究一点的，食用时还可拌些香油，也有加蒜泥或其他佐料的。腌茶其实就是一道茶菜。

知识链接

中国55个少数民族的饮茶习俗

（1）藏族：酥油茶、甜茶、奶茶、油茶羹。

（2）维吾尔族：奶茶、奶皮茶、清茶、香茶、甜茶、炒面茶、茯砖茶。

（3）蒙古族：奶茶、砖茶、盐巴茶、黑茶、咸茶。

（4）回族：三香碗子茶、糌粑茶、三炮台茶、茯砖茶。

（5）哈萨克族：酥油茶、奶茶、清真茶、米砖茶。

（6）壮族：打油茶、槟榔茶。

（7）彝族：烤茶、陈茶。

（8）满族：红茶、盖碗茶。

（9）侗族：豆茶、青茶、打油茶。

（10）黎族：黎茶、芎茶。

（11）白族：三道茶、烤茶、雷响茶。

（12）傣族：竹筒香茶、煨茶、烧茶。

（13）瑶族：打油茶、滚郎茶。

（14）朝鲜族：人参茶、三珍茶。

（15）布依族：青茶、打油茶。

（16）土家族：擂茶、油茶汤、打油茶。

（17）哈尼族：煨酽茶、煎茶、土锅茶、竹筒茶。

（18）苗族：米虫茶、青茶、油茶、茶粥。

（19）景颇族：竹筒茶、腌茶。

（20）土族：年茶。

（21）纳西族：酥油茶、盐巴茶、龙虎斗、糖茶。

（22）傈僳族：油盐茶、雷响茶、龙虎斗。

（23）佤族：苦茶、煨茶、擂茶、铁板烧茶。

（24）畲族：三碗茶、烘青茶。

（25）高山族：酸茶、柑茶。

（26）仫佬族：打油茶。

（27）东乡族：三台茶、三香碗子茶。

（28）拉祜族：竹筒香茶、糟茶、烤茶。

（29）水族：罐罐茶、打油茶。

（30）柯尔克孜族：茯茶、奶茶。

（31）达斡尔族：奶茶、荞麦粥茶。

（32）羌族：酥油茶、罐罐茶。

（33）撒拉族：麦茶、茯茶、奶茶、三香碗子茶。

（34）锡伯族：奶茶、茯砖茶。

（35）仫佬族：甜茶、煨茶、打油茶。

（36）毛南族：青茶、煨茶、打油茶。

（37）布朗族：青竹茶、酸茶。

（38）塔吉克族：奶茶、清真茶。

（39）阿昌族：青竹茶。

（40）怒族：酥油茶、盐巴茶。

（41）普米族：青茶、酥油茶、打油茶。

（42）乌孜别克族：奶茶。

（43）俄罗斯族：奶茶、红茶。

（44）德昂族：砂罐茶、腌茶。

（45）保安族：清真茶、三香碗子茶。

（46）鄂温克族：奶茶。

（47）裕固族：炒面茶、甩头茶、奶茶、酥油茶、茯砖茶。

（48）京族：青茶、槟榔茶。

（49）塔塔尔族：奶茶、茯砖茶。

（50）独龙族：煨茶、竹筒打油茶、独龙茶。

（51）珞巴族：酥油茶。

（52）基诺族：凉拌茶、煮茶。

（53）赫哲族：小米茶、青茶。

（54）鄂伦春族：黄芹茶。

（55）门巴族：酥油茶。

在中国 55 个少数民族中，除赫哲族人历史上很少吃茶外，其余各民族都有饮茶的习俗。

● 实训项目

白族三道茶的制作

实训时间：实训授课 2 学时，共计 90 分钟，其中示范讲解 15 分钟，学员操作 60 分钟，考核测试 15 分钟。

实训器具：陶壶煮水器、电炉、土陶罐、牛眼盅、小碗、小勺、茶盘、杯垫、茶巾、红糖、核桃片、蜂蜜、花椒、姜、桂皮。

实训方法：（1）示范讲解；（2）学员分成 3 人 / 组，在操作室进行操作练习。

操作项目	主要内容及标准
布具	在茶台上整齐有序地摆放三道茶所需的茶具
苦茶的制作	按设具→烘壶→投茶→烤茶→注水→煮茶→斟茶→敬茶程序进行操作
甜茶的制作	按设具→注水→煮茶→调料→斟茶→敬茶程序进行操作
回味茶的制作	按设具→注水→煮茶→调料→斟茶→敬茶程序进行操作

● **实训考核**

技能评分表

组别：_____　　　　姓名：_____

考核内容	考核要点	分值	组内互评	组间互评	教师评价
茶礼	面部表情自然、施礼规范	1			
茶具的选择	三道茶的茶具选择正确且摆放有序	2			
茶叶、配料的选择	顺利完成所需茶叶及配料的选择	2			
制作过程	过程完整、程序清晰	3			
茶汤的质量	符合三道茶苦、甜、回味的要求	2			
总　分		10			

课后练习

一、单选题

1. （　　）是将煮好的茶水趁热倒入白酒中，是纳西族人治疗感冒的秘方。
　　A. 竹筒茶　　　　B. 咸奶茶　　　　C. 龙虎斗　　　　D. 酥油茶

2. （　　）是侗族的饮茶习俗。
　　A. 打油茶　　　　B. 咸奶茶　　　　C. 三道茶　　　　D. 龙虎斗

3. 云南白族三道茶分别是（　　）。
　　A. 一苦，二回味，三甜
　　B. 一甜，二苦，三回味
　　C. 一甜，二回味，三苦
　　D. 一苦，二甜，三回味

4. 在打制酥油茶时，加进（　　）等，使酥油茶更加柔润清爽，余香满口，为茶中上品。
　　A. 汤骨头　　　　　　　　　　　　B. 核桃仁、牛奶、鸡蛋、葡萄干
　　C. 牛奶、白糖　　　　　　　　　　D. 菜油

5. 回族饮茶方式多样，其中有代表性的是喝（　　）。
　　A. 刮碗子茶　　　B. 苦茶　　　　C. 甜茶　　　　D. 竹筒茶

二、判断题

1. 藏族以喝咸奶茶著称。　　　　　　　　　　　　　　　　　　　（　　）

2. 龙井，既是茶的名称，又是种名、地名、寺名、井名，可谓"五名合一"。
　　　　　　　　　　　　　　　　　　　　　　　　　　　　　　（　　）

3. 早市茶，又称早茶，喝早茶的地区中历史最久、影响最深的是北京。（　　）

4. 潮汕人啜饮乌龙茶用的小杯，称为若琛瓯。　　　　　　　　　　（　　）

5. 景颇族的腌茶一般在雨季进行制作，所用的茶叶是未经加工的鲜叶。（　　）

第二节　世界各国饮茶习俗

一、亚洲国家饮茶习俗

（一）日本饮茶习俗

日本的制茶与饮茶方法，至今还保持着中国唐宋时代的古风。日本镰仓时代的荣西禅师将南宋的"抹茶"传入日本，江户初期的隐元禅师将明代的"煎茶"传入日本。在日本，茶道和煎茶道有着相当大的差别，一般所谓的茶道，叫作"茶之汤"，其饮茶方法是由宋代饮茶法演化而来的。但是宋代采用团茶，而日本采用末茶，省去罗碾烹炙之劳，直接以茶末加以点煮，煎茶道则是直接由明代饮茶法演化而来的。

图 2-20　日本茶道

现代日本茶道，一般在大小不一的茶室中进行，室内摆设珍贵古玩以及与茶相关的名人书画，中间放着供烧水的陶炭炉、茶釜等，炉前排列着茶碗和各种饮茶用具（图2-20）。茶道仪式，可分为庆贺、迎送、叙事、叙景等不同内容。友人到达时，主人已在门口敬候。茶道开始，宾客依次行礼后入席，主人先捧出甜点供客人品尝，以调节茶味。之后主人严格按一定规程泡茶，按照客人的辈份，从大到小，依次递给客人品饮。点水、冲茶、递接、品饮都有规范动作。另外，日本茶道非常讲究茶具的选配，一般选用的多是历代珍品或比较贵重的瓷器。品饮时，还须结合对茶碗的欣赏，然后连声赞美，以示敬意。

日本还有樱花茶、大麦茶、紫苏茶、海带茶、梅花茶等，但这些实际上不能算茶，类似于中国的菊花茶，只是饮料而已。

（二）韩国饮茶习俗

韩国的茶道，分为煮茶法和点茶法。煮茶法是把茶叶放入石锅里熬煮，然后盛在碗里喝。点茶法于高丽时期开始盛行，把研膏茶用研磨磨成茶末，投入茶碗，倒入开水，用茶筅搅拌形成乳花后饮用。后来，茶叶不用研磨，直接放入茶碗中，用开水冲泡饮用，又称为泡茶法。

韩国的饮茶与中国古代饮茶颇为类似，集佛教文化、儒家思想、道家理论于一体。韩国茶礼包括迎客、茶室陈设、书画和茶具的造型与排列、投茶、注茶、茶点、吃茶等（图2-21）。韩国人喝茶，可以没有茶叶。大麦茶、玉米茶、柚子茶、大枣茶、人参茶、生姜茶、枸杞茶、桂皮茶、木瓜茶等，没有一样有茶叶的影子，却都赫然冠着"茶"的名字。韩国人主张医食同源，故形成了独特的饮食茶。韩国有"药膳"的传统，讲究食补，百味皆可入日常饮食，像人参这样的珍贵药材自然可以做

图 2-21　韩国茶礼

菜做茶，而大麦、玉米这类五谷杂粮，在韩国人看来也是上好的"茶"。

每年的 5 月 25 日是韩国的茶日，这一天会举行大型的茶文化祝祭活动，主要内容有韩国茶道协会的传统茶礼表演，如成人茶礼和高丽五行茶礼以及新罗茶礼、陆羽品茶汤法等。成人茶礼是韩国茶日的重要活动之一，具体指通过茶礼仪式，对刚满 20 岁的少男少女进行传统文化教育和礼仪教育，其程序是会长献烛，副会长献花，冠者（即成年）进场向父母致礼、向宾客致礼，司会致成年祝辞，进行献茶式，冠者合掌致答辞，冠者再拜父母，父母答礼。借此来培养即将步入社会的年轻人的社会责任感。

（三）印度饮茶习俗

印度是世界红茶的主要产地。印度人民喝奶茶的习惯是从西藏传入的。在西藏，饮茶与佛教文化相结合，藏传佛教僧侣诵经用喝奶茶来提神醒脑。印度奶茶中放羊奶，与红茶汤的比例是 1:1。有些人在红茶煮好后，放进一些生姜片、茴香、丁香、肉桂、槟榔和豆蔻等。放这些佐料不仅可提高茶的香味，而且有利于人体健康，因此这些奶茶又叫"调味茶"。

在印度北方，也有"客来敬茶"的习俗。客人来访时，主人先请客人坐到铺有席子的地板上面，然后给客人献上一杯加了糖的茶水，并摆出水果和甜食作为茶点。客人接茶时，不要马上伸手接过，而要先客气地推辞，一面连声道谢，当主人再一次向客人献茶时，客人才双手接过，然后一面慢慢品饮，一面吃茶点，表现得彬彬有礼，营造出和谐的气氛。

图 2-22　马来西亚"拉茶"

（四）马来西亚饮茶习俗

马来西亚的传统是喝"拉茶"（图 2-22）。拉茶是传自印度的饮品，用料与奶茶类似。调制拉茶的师傅在配制好料以后，即用两个杯子，像玩魔术一般，将奶茶倒来倒去。由于两个杯子的距离较远，看上去好像白色的奶茶被拉长了似的，成了一条白色的粗线，十分有趣，因此称为拉茶。拉好的奶茶像啤酒一样充满了泡沫，喝下去十分舒服。据说拉茶有消滞的功能，所以，马来西亚人在闲时都喜欢喝上一杯。

（五）巴基斯坦饮茶习俗

巴基斯坦是伊斯兰国家，绝大部分人为穆斯林，禁止饮酒，但可饮茶。当地气候炎热，居民多食用牛、羊肉和乳制品，缺少蔬菜，因此，长期以来养成了以茶代酒、以茶消腻、以茶解暑、以茶为乐的饮茶习俗。

巴基斯坦人大多习惯饮红茶。巴基斯坦原为英国殖民地，因此其饮茶习俗带有英国色彩。他们普遍爱好的是牛奶红茶。除机关、工厂、商店等采用冲泡法，大多采用茶炊烹煮法，即先将壶中的水煮沸，然后放入红茶，再烹煮 3 ～ 5 分钟，随即用滤器滤去茶渣，然后将茶汤注入茶杯，再加上牛奶和糖调匀即饮。另外也有少数不加牛奶而代之以柠檬片的，也叫柠檬红茶。

在巴基斯坦的西北高地以及靠近阿富汗边境地区生活的牧民，也有饮绿茶的。饮绿茶时，多配以白糖，并加几粒小豆蔻，也有清饮或添加牛奶和糖的。

（六）土耳其饮茶习俗

土耳其人喜欢喝红茶，喝茶用玻璃杯（图2-23）、小匙、小碟。煮茶时使用一大一小两把铜茶壶，先把大茶壶放置木炭火炉子上煮水，再将装有茶叶的小茶壶放在大茶壶上。茶叶的用量大约按1克茶叶30～50毫升水的比例投放。待大茶壶中的水煮沸后，就将沸水冲入放有茶叶的小茶壶中，3～5分钟后，按各人对茶浓淡的需求，将小茶壶中的浓茶汁分别倾入各个小玻璃杯中，再加上一些白糖，用小匙搅拌几下，使茶、水、糖混匀，便可饮用。

图2-23　土耳其的红茶杯

土耳其人煮茶，讲究调制功夫。认为只有色泽红艳透明、香气扑鼻、滋味甘醇可口的茶才是恰到好处的茶。因此，土耳其人煮茶时，总要夸煮茶的功夫。在一些旅游胜地的茶室里，还有专门的煮茶高手教游客煮茶。在这里，既能学到土耳其煮茶技术，又能尝到土耳其茶的滋味，使饮茶变得更有情趣。

（七）新加坡饮茶习俗

新加坡的肉骨茶，就是一边吃肉骨，一边喝茶。肉骨，多选用新鲜带瘦肉的排骨，也可用猪蹄、牛肉或鸡肉。烧制时，肉骨先用佐料进行烹调，文火炖熟。有的还会放上党参、枸杞、熟地等滋补药材，使肉骨变得更加清香味美，而且能补气生血，富有营养。而茶叶则大多选自福建产的乌龙茶，如大红袍、铁观音之类。如今，肉骨茶已成为一种大众化的食品，肉骨茶的配料也应运而生。在新加坡、马来西亚以及中国香港等地的超市内，都可买到适合自己口味的肉骨茶配料。

（八）泰国饮茶习俗

泰国北部地区与中国云南接壤，这里的人们有喜欢吃腌茶的风俗，其做法与中国云南少数民族制作腌茶的方法一样，通常在雨季腌制。腌茶，其实是一道菜，吃时将它和香料搅拌后，放进嘴里细嚼。又因这里气候炎热，空气潮湿，把茶做成腌菜吃，又香又凉，所以，腌茶成了当地世代相传的一道家常菜。

（九）越南饮茶习俗

越南毗邻中国广西，饮茶风俗与中国广西有些相似。此外，他们还喜欢饮一种玳玳花茶。玳玳花（蕾）洁白馨香，越南人喜欢把玳玳花晒干后，放上3～5朵和茶叶一起冲泡饮用。由于这种茶是由玳玳花和茶两者相融的，故名玳玳花茶。玳玳花茶有止痛、去痰、解毒等功效。冲泡后，绿中透出点点白色花蕾，煞是好看，喝起来芳香可口。

二、欧美国家饮茶习俗

（一）英国饮茶习俗

红茶是英国人普遍喜爱的饮料，英国人茶叶消费量占各种饮料总消费量的比重非常高，但英国本土不产红茶，因此，红茶的进口量长期遥居世界第一。

图 2-24　英国红茶

英国饮茶风俗（图 2-24）始于 17 世纪。1662 年葡萄牙凯瑟琳公主嫁与英王查理二世，将饮茶风尚带入皇室。凯瑟琳公主使饮茶之风在官廷盛行起来，继而又扩展到王公贵族和贵豪世家，乃至普通百姓。为此，英国诗人沃勒在凯瑟琳公主结婚一周年之际，特地写了一首有关茶的赞美诗："花神宠秋月，嫦娥矜月桂；月桂与秋色，难与茶比美。"

英国人特别注重午后饮茶，这种习惯始于 18 世纪中期，因英国人重视早餐，轻视中餐，直到晚上 8 时以后才进晚餐，而早、晚两餐之间时间长，使人有疲惫饥饿之感。为此，英国公爵斐德福的夫人安娜就在下午 5 时左右，请大家品茗用点，以提神充饥，深得赞许。久而久之，午后茶逐渐成为一种风俗，一直延续至今。如今，在英国的饮食场所、公共娱乐场所等，都有供应午后茶的。在英国的火车上，还备有茶篮，内放茶、面包、饼干、红糖、牛奶、柠檬等，供旅客饮午后茶用。午后茶，实际上是一餐简化了的茶点，一般只供应一杯茶和一碟糕点。只有招待贵宾时，内容才会丰富。饮午后茶，是当今英国人的重要生活内容，已开始传向欧洲其他国家，并有继续扩张之势。

英国人泡茶用的茶具一般为瓷制，富裕家庭也用银制茶壶泡茶。英国家庭习惯一家人坐在饭桌旁一起喝茶。到英国人家中做客，如果不是饮茶时间，主人不会用茶招待。初次来访的客人，主人也不会待之以茶。在英国人家喝茶，一般由女主人倒茶，如果客人喝完还想再喝，千万不能自己倒茶，而应请女主人替你倒茶，否则会被认为没有教养。随着现代工业文明的发展，人们生活节奏的加快，袋泡茶、茶饮料等方便、快捷的茶饮成为英国人生活中的新内容。

（二）美国饮茶习俗

17 世纪末，茶叶随同欧洲移民一起来到了美洲新大陆，不久，茶叶就成为那里的流行饮料。1773 年，为了抗议英国殖民者征收严苛的茶叶税，愤怒的美国民众将停泊在波士顿港的英籍船上所有的茶叶全部抛入港湾内，这就是著名的"波士顿倾茶事件"，这也成为美国独立战争的导火索。

在美国，无论是茶的沸水冲泡汁，还是速溶茶的冷水溶解液，抑或罐装茶水，大多数人饮用时都习惯在茶汤中投入冰块，或者饮用前预先置于冰柜中冷却为冰茶。冰茶之所以受到美国人的欢迎，是因为它顺应了快节奏的生活方式，消费者还可结合自己的口味，添加糖、柠檬汁或其他果汁等。如此饮茶，既有茶的醇味，又有果的清香，尤其是在盛夏，饮之满口生津，暑气顿消。

（三）荷兰饮茶习俗

在欧洲，荷兰是饮茶的先驱。远在 17 世纪初期，荷兰商人凭借在航海方面的优势远涉重洋，从中国装运绿茶至爪哇，再辗转运至欧洲。最初，茶仅仅是作为宫廷贵族和豪富社交礼仪和养生健身的奢侈品，之后逐渐风行于上层社会。18 世纪初，荷兰上演的喜剧《茶迷贵妇人》就是当时饮茶风潮的写照。

目前荷兰人的饮茶热已不如过去，但尚茶之风犹在。他们不但自己饮茶，也喜欢以茶会友。所以，凡上等家庭，都专门辟有一间茶室。他们饮茶多在午后进行。若是待客，主人还会打开精致的茶叶盒，供客人自己挑选心仪的茶叶，放在茶壶中冲泡，通常一人一壶。

（四）法国饮茶习俗

法国位于欧洲西部，西临大西洋。茶作为饮料传入欧洲后，立即引起法国人民的重视。17世纪中期的《传教士旅行记》一书叙述了"中国人之健康与长寿，当归功于茶，此乃东方常用之饮品"。此后，几经宣传和实践，也激发了法国人民对"可爱的中国茶"的向往与追求，使法国饮茶从皇室贵族和有闲阶层，逐渐普及到民间，成为人们日常生活和社交中不可或缺的内容。

现代法国人最爱饮的是红茶、绿茶、花茶和沱茶。饮红茶时，习惯采用冲泡或烹煮法，类似英国人饮红茶的方法，通常取一小撮红茶放入杯内，冲上沸水，再配以糖或牛奶。也有在茶中拌以新鲜鸡蛋，再加糖冲饮的。还有在饮茶时加柠檬汁或橘子汁的，更有在茶水中掺入杜松子酒或威士忌酒，做成清凉的鸡尾酒饮用。法国人饮绿茶一般要在茶汤中加入方糖和新鲜薄荷叶，做成甜蜜透香的清凉饮料饮用。近年来，特别在一些法国青年人中，饮用带有花香、果香、叶香的加香红茶成为时尚。沱茶，主产于中国西南地区，因它具有特殊的药理功能，所以深受法国中老年消费者的青睐，每年从中国进口量达2 000吨。

（五）俄罗斯饮茶习俗

在俄罗斯，泡红茶时都习惯用一种黄铜材质的热水煮沸器——俄式茶炊"沙玛瓦特"（Samovar）（图2-25）煮沸热水。这种独特的茶炊，具有典型的俄罗斯风格。最初的"沙玛瓦特"诞生在欧亚交界处的乌拉尔。

俄国茶炊的内下部安装有小炭炉，炉上为一中空的筒状容器，加水后可加盖密闭。在炭火加热水的同时，热空气顺着容器中央自然形成的烟道上升，可同时烘烤安置在筒顶端中央的小茶壶。小茶壶中已事先放入茶叶，这样一来小茶壶中的红茶汁就会精髓尽出。茶炊的外部下方安有小水龙头，取用沸水极为方便。将小壶中红茶倒入杯中，再用小水龙头注热水入杯中，来调节茶汤的浓淡。俄式茶炊"沙玛瓦特"的主要功能在于能将水缓缓加热，使水温控制得恰到好处。至于目前市售的俄式茶炊大都电气化了，除了外观相似

图2-25　俄罗斯茶炊

外，内部构造和真正的沙玛瓦特已大相径庭，因为以前都是用木炭来烹煮红茶的。

俄罗斯民族众多，饮茶习惯也有所不同。具有代表性的饮茶方式有两种。①蒙古式。其饮茶方法流行于西南部的伏尔加河、顿河流域，东到与蒙古国接壤地区，与中国藏族同胞的饮茶习俗颇为类似。先将紧压的绿茶碾碎，在每升冷水中加一至三大匙茶叶，加热至水滚，再加入四分之一升牛奶、羊奶或骆驼奶，动物油一汤匙，油炒面粉50～100克，最后加入半杯谷物（大米或优质小麦），根据口味加适量盐，共煮约15分钟，即可取用。②卡尔梅克族饮法。这种饮茶方法不用茶砖而用散茶。先把水煮开，然后投入茶叶，每升水用茶约50克，然后分两次倒入大量动物奶共同烧煮，搅拌均匀，煮好滤去茶渣，即可饮用。客来敬茶是俄罗斯民族的传统礼仪，以茶聚会是人们的美好享受，它不仅是人们生活中不可缺少的饮料，也是军队的必需品。现在俄国茶室遍布城市、乡镇及村庄，随时都有茶点出售。茶室已基本取代过去酒店的地位，成为大众喝茶的场所。

三、非洲饮茶习俗

（一）毛里塔尼亚饮茶习俗

毛里塔尼亚素有"沙漠之国"的称号。这里常年晴空万里，烈日炎炎，干热的环境使得人们呼吸强、出汗多、体能消耗大。饮茶能解除干渴、消暑祛热、补充水分和养分，加上沙漠人民日常饮食又以牛、羊肉为主，缺乏蔬菜。于是，去腻消食、补充维生素的茶就成了沙漠人民日常不可或缺的食品。毛里塔尼亚人最喜欢喝中国绿茶。伊斯兰教是毛里塔尼亚的国教。每天黎明，人们在向真主的祈祷中开始了全新的一天，祈祷完毕，人们就开始喝茶。他们煮茶、喝茶的方法也别具一格。一般是将茶叶放进小瓷壶或铜壶里加水煮开，煮罢，加入白糖和薄荷叶，然后将茶汁倒入酒杯大小的玻璃杯内，茶汁黑浓如咖啡，茶味香甜醇厚，带有薄荷的清凉，饮后茶香和薄荷香留在口腔，令人回味良久。

毛里塔尼亚人通常一天喝三次茶，每次喝三杯。节假日在家休息时，饮茶可多达十次以上，每煮一次茶要用30克茶叶，所以毛里塔尼亚人的茶叶消耗量很大。住在城市的家庭，每户每月要消费约6千克茶叶，他们买茶都是5千克、10千克地大量购买，对茶叶品质的要求是浓淡适中，多次煮泡后，汤色不变，他们还喜欢汤色深的茶。一般贮藏时间略长的茶叶反而受欢迎。此外，招待朋友时，茶也是不可少的必需品。每当朋友来访，好客的主人就煮好甜茶招待，称作"见面一杯茶"。这种甜润、爽口、令人喝了有愉快回味的浓糖茶，是友谊最好的润滑剂，使主客的情绪欢愉。

（二）摩洛哥饮茶习俗

中国的茶叶通过丝绸之路穿越至阿拉伯世界，来到了北非的摩洛哥。在摩洛哥，上至国王，下至市井百姓，每个人都喜喝茶。每逢过年过节，摩洛哥政府必以甜茶招待国外客人。在日常的社交鸡尾酒会上，必须在饭后饮三道茶。所谓三道茶，是指三杯用茶叶加白糖熬煮的甜茶，一般比例是1千克茶叶加10千克白糖和清水一起熬煮。主人敬完三道茶才算礼数周备。在酒宴后饮三道茶，口齿留香，提神解酒，十分舒服。而喝茶用的茶具，更是珍贵著名的艺术品。

在繁忙热闹的市场里，随处可见手托锡盘，盘中放着一把锡壶、两个玻璃杯的送茶人。在流动旧货市场里，茶棚也是最热闹的地方，炉火熊熊地燃烧着，大壶里沸水"突突"地响着，煮茶人从麻袋里抓一把茶叶，再从另一个麻袋里拿一块白糖，再捏一撮薄荷叶，一起丢进小锡壶中，注入滚水，再把小锡壶放到火上去煮。壶水开过两遍后，再将小锡壶递给等在摊子旁的客人饮用。摩洛哥茶清香、极浓、极甜，加上鲜薄荷的清凉，入口暑气全消，极能提神。

摩洛哥不产茶，茶叶全靠进口，而中国的绿茶和每个摩洛哥人是息息相关的。

（三）埃及饮茶习俗

埃及是重要的茶叶进口国。埃及人喜欢喝浓厚醇冽的红茶，但不喜欢在茶汤中加牛奶，而喜欢加蔗糖。埃及糖茶的制作比较简单，将茶叶放入茶杯用沸水冲沏后，再加入许多白糖，其比例是一杯茶要加入三分之一容积的白糖，让它充分溶化后，便可以喝了。茶水入嘴后，有黏黏糊糊的感觉，一般人喝上两三杯后，甜腻得连饭也不想吃了。

埃及人泡茶的器具很讲究，一般不用陶瓷器，而用玻璃器皿，红浓的茶水盛在透明的玻璃杯中，像玛瑙一样，非常好看。埃及人从早到晚都喝茶，无论朋友谈心，还是社交集会，都要沏茶。糖茶是埃及人招待客人的最佳饮料。

（四）肯尼亚饮茶习俗

肯尼亚位于东非高原的东北部，是一个横跨赤道的国家，濒临印度洋，属于热带草原性气候，平均海拔将近 2 000 米，终年气候温和、雨量充足，土壤呈红色并属酸性土壤，很适合茶叶生长，是非洲最大的产茶国、世界第四大产茶国和输出国。

肯尼亚人喝茶深受英国殖民统治时期的影响，主要饮红碎茶，也有喝下午茶的，冲泡红茶加糖的习惯很普遍。

知识链接

地道英式下午茶

下午茶，是英国各个阶层的固定习俗。英国有句谚语："钟敲四下，一切为下午茶停下。"可见英国人对下午茶的重视。地道的英式下午茶包括以下几方面。

1. 奢华考究的茶具

在英式下午茶中，精致的上等茶具非常重要，包括白底描花瓷器和银器。据说在缺乏阳光的英国，银质茶具往往透着人们对阳光的渴望。

2. 精致美味的茶点

正统的英式下午茶需用三层点心盘盛装，最下层放三明治、手工饼干等咸味食物，中间层放传统英式点心"Scone"（司康），最上层放蛋糕及水果塔等甜点。

不论这个点心盘的内容如何变化，英式松饼、果酱和手工饼干都是必不可少的。而小黄瓜三明治则是英式贵族的代表性茶点。

3. 精美合身的服饰

最传统的英式下午茶，男士会穿着黑礼服，女士则要穿着镶着蕾丝花边的丝绸裙子。现在英国皇家正式下午茶仍要求男性穿燕尾服、戴高帽、手持雨伞；女性穿日间礼服，戴头饰或帽子。

4. 草坪下午茶——悠闲的下午时光

从维多利亚时代起，下午茶在英国贵族家庭的草坪上或富丽堂皇的客厅中开始流行起来。在草坪上喝茶，也是英式生活的一瞥。

5. 茶中英伦百态

喝茶时的规矩包括：先倒茶，再倒牛奶；搅拌牛奶时，要来回反复地搅拌（在 12 点和 6 点方向之间）；茶勺要放在茶碟上离自己最远的位置；不要攥着茶杯环，而应将食指和拇指在杯环内捏住，并用中指拖住杯环底部。如果桌子过低，可以在齐腰位置端着茶碟。

● 实训项目

外国茶俗知识

实训时间：实训授课 2 学时，共计 90 分钟，其中示范讲解 15 分钟，学员操作 60 分钟，考核测试 15 分钟。

实训器具：麦克风、PPT（幻灯片）、抢答器。

实训方法：（1）示范讲解；（2）学员分成 6 人 / 组，在操作室进行操作练习。

操作项目	主要内容及标准
主持人与每组选手上台	选出主持人主持外国茶俗知识竞赛活动
茶俗知识必答题	根据外国茶俗的内容，出50道题进行小组必答计分
茶俗知识抢答题	根据外国茶俗的内容，出50道题进行小组抢答计分
茶俗知识竞赛活动颁奖	根据最终累计分，评出茶俗知识竞赛活动的优胜者予以奖励

● **实训考核**

技能评分表

组别：_____ 姓名：_____

考核内容	考核要点	分值	组内互评	组间互评	教师评价
礼仪	活动现场表现自如、注重抢答礼仪	2			
茶俗知识	表述准确、完整	6			
团队精神	分工协作	2			
总　分		10			

课后练习

一、单选题

1. 日本的制茶与饮茶方法，至今还保持着中国（　　　）时代的古风。
   A. 春秋战国　　　　　B. 三国　　　　　　C. 唐宋　　　　　　D. 明清

2. 法国人饮红茶时，习惯采用冲泡或烹煮法，类似（　　　）饮红茶习俗。
   A. 俄罗斯人　　　　　B. 德国人　　　　　C. 美国人　　　　　D. 英国人

3. 摩洛哥爱喝甜茶，一般比例是1千克茶叶加（　　　）白糖和清水一起熬煮。
   A. 10千克　　　　　B. 20千克　　　　　C. 30千克　　　　　D. 40千克

4. 新加坡人喝（　　　）。
   A. 冰茶　　　　　　B. 肉骨茶　　　　　C. 罐罐茶　　　　　D. 竹筒茶

5. 印度奶茶中放羊奶，与红茶汤的比例是（　　　）。
   A. 1:1　　　　　　B. 1:10　　　　　　C. 10:1　　　　　　D. 10:5

二、判断题

1. 韩国茶礼包括迎客、茶室陈设、书画和茶具的造型与排列、投茶、注茶、茶点、吃茶等。　　　　　　　　　　　　　　　　　　　　　　　　　　　　　　（　　　）

2. 在欧洲，安娜是饮茶的先驱。　　　　　　　　　　　　　　　　　　（　　　）

3. 糖茶是埃及人招待客人的最佳饮料。　　　　　　　　　　　　　　　（　　　）

4. 冰茶最受美国人的欢迎。　　　　　　　　　　　　　　　　　　　　（　　　）

5. 巴基斯坦是伊斯兰国家，绝大部分人为穆斯林，允许饮酒和饮茶。　　（　　　）

第三章
茶叶基础知识

学习目标

1. 了解茶树的生长习性、茶区的分布情况。
2. 熟悉茶叶的分类、不同茶叶的加工方法与代表名茶。
3. 熟练掌握茶叶的鉴别和贮藏方法、健康饮茶的知识。

实训目标

1. 熟练掌握茶叶的鉴别方法，引导客人欣赏茶叶之美。
2. 能够熟练地通过感官区分茶叶的种类、鉴别茶叶的好与坏。
3. 将所学的茶叶与健康饮茶的知识灵活地运用于茶艺实践中。

本章导读

老百姓说，"开门七件事，柴米油盐酱醋茶"，茶是我国群众物质生活的必需品；文人说，"文人七件宝，琴棋书画诗酒茶"，茶通六艺，是我国传统文化的载体。中国是茶的故乡，也是最早利用茶和饮用茶的国家。在中国，不仅茶区分布较广，而且茶叶种类多样，每种茶叶无论在外观、香气或口感上，都有细微的差别，因而造就了中国茶叶的多样风貌。本章主要介绍了茶树的生长习性、茶区分布、茶叶分类及代表名茶、茶叶鉴别与贮藏、饮茶与健康等内容。

第一节　茶　　树

据记载，我们的祖先最早利用的是野生大茶树，经过了很长一段时间，才出现了人工栽培的茶树。茶树的人工栽培发生在 3000 多年前。据《华阳国志·巴志》记载，公元前 1000 多年前周武王伐纣时，巴国已以茶及其他珍贵物品纳贡周武王，说明当时已有人工栽培的茶园了。而后茶的栽培从巴蜀地区向南至云贵一带，又往东至楚湘，转至粤赣闽，入江浙，然后北移淮河流域，形成了我国广阔的茶区。

一、茶树的起源

《神农本草经》记载："神农尝百草，日遇七十二毒，得茶而解之。"据考证，神农氏

生活在约公元前 28 世纪，距今已有 5000 年左右的历史。陆羽在《茶经》中也指出"茶之为饮，发乎神农氏，闻于鲁周公"，进一步证明了我国早在原始社会时期就已经发现并利用茶叶了。

中国是世界上生产、制作、饮用茶叶最早的国家，素有"茶的故乡"之称。如今产茶的国家遍布五大洲，这些产茶国家的茶树，都是直接或间接从中国传入的。

中国的西南地区，有着茂密的原始森林和肥沃的土壤，气候温暖湿润，特别适合茶树的生长。早在三国时期（220—280 年）就有关于在西南地区发现野生大茶树的记载。唐代陆羽在《茶经》中就有"茶者，南方之嘉木也……其巴山峡川，有两人合抱者"的记载。至 20 世纪 90 年代，中国已在 11 个省（自治区、直辖市）200 多处发现野生大茶树。1961 年在云南省的大黑山密林中（海拔 1 500 米）发现一棵高 32.12 米、树围 2.9 米的野生大茶树，这棵树单株存在，树龄约 1700 年，是迄今为止世界上最大的野生茶树。1996 年在云南镇沅县千家寨（海拔 2100 米）的原始森林中，发现一棵高 25.5 米、底部直径 1.20 米、树龄 2700 年左右的野生大茶树。据近年来的科学调查，中国云南、贵州、四川是世界上最早发现野生大茶树和现存野生大茶树最多、最集中的地区。在云南省澜沧县邦崴发现一棵树龄在 1000 年左右的过渡型"茶树王"，随后在勐海县南糯山发现一株树龄在 800 年左右的栽培型"茶树王"。茶树从野生型到过渡型再到栽培型，证明了人们在野生大茶树的基础上逐渐有意识地对它进行保护栽培，一直到现在大面积的人工栽培。

关于茶树的起源，历来争论较多，但相关文献和实证都充分证明中国西南地区是世界茶树的原产地。近几十年来，学者又将茶树和植物学研究相结合，从树种及地质变迁、气候变化、茶树的进化类型等不同角度出发，对茶树原产地做了更加细致深入的分析和论证，进一步证明了我国西南地区是茶树的原产地。

二、茶树的形态特征

我国古代劳动人民描述茶树形态特征时，都用了比拟的方法，但缺乏对当代植物学性状的描述。东晋郭璞《<尔雅>注》载"树小似栀子，冬生，叶可煮作羹饮"，仅说明了茶树是一种常绿灌木，而且是一种叶用植物，但对茶树形态特征，未做具体的说明。唐代陆羽的《茶经》对茶树形态特征的描述已较具体。如《茶经·一之源》中记载："茶者……其树如瓜芦，叶如栀子，花如白蔷薇，实如栟榈，茎如丁香，根如胡桃。"对树、叶、花、果、茎、根的特征都做了形象化的描述。陆羽《茶经》之后的茶书中，也有一些对茶树形态特征的描述。由此可见，在近代植物学出现之前，我国对茶树性状已有一定的认识深度。

茶树的学名为 Camellia sinensis（L.）O. Kuntze，是一种多年生木本常绿植物。Camellia 是"山茶属"的意思，sinensis 是拉丁文"中国"的意思。茶树在植物分类学上属于植物界，种子植物门，被子植物亚门，双子叶植物纲，原始花被亚纲，山茶目，山茶科，山茶亚科、山茶族，山茶属，茶种。

（一）茶树的树型

在非人为控制（如剪、采等）条件下，茶树植株的自然性状是一种较为稳定的生态型，其树型可分为乔木型、小乔木型和灌木型三种（图 3-1）。

乔木型茶树：树势高大，有明显的主干，一般高达 3 米，云南等地原始森林中生长的野生大茶树甚至在 10 米以上。

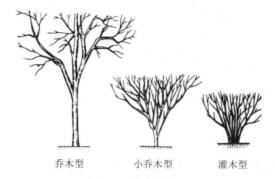

乔木型　　　小乔木型　　　灌木型

图 3-1　茶树的树型

小乔木型茶树：小乔木型茶树的树高和分枝都介于乔木型茶树和灌木型茶树之间，在福建、广东及云南西双版纳一带栽培较多。

灌木型茶树：树冠较矮小，没有明显主干，分枝较密，多近地面处，自然生长状态下，树高 1.5 ～ 3 米，栽培最多。

（二）茶树的组成

茶树由根、茎、叶、花、果实和种子六大器官组成。按照形态结构和生理功能划分，根、茎、叶为营养器官，花、果实、种子为生殖器官。营养器官和生殖器官相互依存、相互制约，共同承担起了促进茶树生长发育的功能。按照生产可划分为地下部和地上部两部分，地下部为根系；地上部为树冠，包括茎、叶、芽、花、果等部分。

1. 根

茶树的根在茶树一生中起到固定植株、贮藏营养物质、从土壤中汲取水分和养分的作用，是一个很重要的器官。栽培茶树首先要培养好根系，俗话说"根深叶茂，本固枝荣"，正是这个道理。

茶树的根系由主根、侧根、细根和根毛组成。主根是由胚根发育而成的，在垂直向土壤下生长的过程中，分生出侧根、细根，细根上生出根毛，如图 3-2 所示。

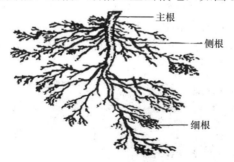

主根
侧根
细根

图 3-2　茶树的根系

主根和侧根构成根系的骨干，寿命较长，有固定、输导、贮藏水分和养分的作用。细根和根毛统称吸收根，寿命较短，不断死亡或更新，有吸收水分和养分的作用。

2. 茎

茶树的茎又称为地上部分，由于植株的高矮不同，分枝稠密不同，可以根据茎的不同将茶树的树型分为乔木型、小乔木型和灌木型 3 种。

茶树的茎由营养芽发育而成，有主枝、侧枝之分，未木质化的嫩梢柔软，表皮有茸毛，呈嫩绿色，随着木质化程度加深，表皮由青绿变为淡黄，说明枝条已经半木质化，再变为红棕色，就完全木质化了。2～3年的枝条是暗灰色，表面有裂纹，茶树枝条是组成树冠的主要部分。

茶树的枝茎有很强的繁殖能力，将枝条剪下一段插入土中，在适宜的条件下即可生成新的植株。

3. 叶

茶树的叶由叶片和叶柄组成。在枝条上为单叶互生，有直立状、半直立状、水平状、下垂状4种，着生的状态因品种而异。叶片的形状有椭圆形、长椭圆形、卵形、圆形等，椭圆形和卵形最多。

茶树的叶片包括鳞片、鱼叶和真叶。鳞片保护芽和叶，在芽生长过程中就会脱落，一般有2～5片。鱼叶是新梢生长初期展开的过渡型叶片，具有一定的光合作用能力，叶厚、质脆，侧脉不明显，锯齿不全，主要功能是辅助幼芽，一般有1～3片（图3-3）。

茶树的叶片是制作茶饮料的原料，也是茶树进行呼吸、蒸腾和光合作用的主要器官。

4. 花

茶树的花由花芽发育而成，黄白色或者白色，少数带有淡红色，微有花香。花是茶树的生殖器官之一，茶树开花很多，每年每株开花数可达几千多，但能结果实的却很少，一般为2%～4%。

茶花（图3-4）由5～7个花瓣组成，每朵花有200～300枚雄蕊和一枚雌蕊，雄蕊由花药和花丝组成，雌蕊由子房、花柱和柱头组成，柱头裂数3～6裂。茶花由授粉至果实成熟，大约需要一年零四个月。在此期间，仍不断产生新的花芽，继续开花、授粉、产生新的果实，同时进行花和果的形成，这也是茶树的一大特征。

5. 果实和种子

茶树的果实是茶树进行繁殖的主要器官，包括果壳和种子两部分（图3-5）。

茶果外表光滑，每个果实一般有3～4个室，每室有4个胚珠，通常发育成1～2粒种子，果实成熟时室背裂开，种子自行脱落。

茶籽由外种皮、内种皮和胚3个部分组成。成熟的种子外种皮呈黑褐色略带光泽，内种皮是一层白色透明的内胚膜。

图3-3　茶树叶片　　　　　　　图3-4　茶花　　　　　　图3-5　茶树的果实

三、茶树的生长环境

茶树对生长环境有独特的要求和喜好，概括地讲有"四喜四怕"，即"喜酸怕碱，喜湿怕涝，喜温怕寒，喜漫射光怕强光"。

供饮用的茶叶是茶树的鲜叶经过加工而制成的，茶树又并非何时何地都能生长，因此，茶叶的品质主要取决于茶树的品种和自然生长环境。一般来说，茶树的生长主要受土壤、气候、水分、光照等因素的影响。

（一）土壤因素

土壤是茶树生长发育的基地，是为茶树提供水、肥等的场所。茶树在系统发育过程中，形成对土壤条件的某些特殊要求，如喜酸、肥、松、深等。

高产优质茶园土壤的特点与要求应该是：有效土层（耕作层）深厚疏松，矿物质、有机质含量丰富；心土层和底土层紧而不实；土质不黏不沙，既通气透水，又保水蓄肥，以微酸性原始沙壤土为上。

茶树是喜酸忌碱植物，在 pH 为 4.0～6.5 的土壤中均能生长，其中 pH 4.0～5.5 最好。茶树适宜于酸性土壤环境的特性与根系汁液中含有较多的有机酸有关。另外，酸性土壤还有两个重要特性。一是含有较多的铝离子，酸性越强，铝离子越多。健壮的茶树铝的质量分数可达 1% 左右，只有酸性土壤才能更好地满足茶树对铝的需要。二是酸性土壤含钙较少，钙虽然是茶树生长的必要元素，但数量不能太多，一般超过 0.3% 就影响茶树生长，超过 0.5%，茶树就会死亡，所以，有石灰的宅基地或坟地，不利于茶树生长，必须彻底换土。

茶树根系发达，主根可达 1 米以上，为保证根系向深度、广度扩展，土层厚度一般不应少于 60 厘米。我国南北茶区的高产茶园土层厚度都在 2 米以上，其中有效耕作层在 30 厘米左右。在土层浅的地方种茶，建园时必须挖沟深翻土 50 厘米以上。

茶园一般以沙壤土为好。沙性过强的土壤保水、保肥力弱，干旱或严寒时容易受害；质地过黏的土壤通气性差，茶树根系吸收水分和养分能力降低，茶树生长不好。

（二）气候因素

喜温怕寒是茶树的重要特性，温度是茶树生命活动的必要因子之一，它影响着茶树的地理分布，制约着茶树的生育速度。

茶树的最适生长温度是指茶树在此温度条件下生育最旺盛、最活跃。不同茶树品种的最适生长温度不同，多数品种的最适生长温度为 20～30 ℃，在此温度范围内，如其他生育条件满足其生长需要，则随着温度升高，生育速度加快。

高温可以促进薄壁细胞增厚及液泡形成，促进厚壁组织纤维细胞增厚并木质化，促进新梢茎的木质部发育。所以，气温越高，嫩叶展开与增大增厚速度也越快。同时嫩叶转变为绿色速度加快，对夹叶发生量增加，多酚类物质增多，茶氨酸和氨基酸总量下降，使茶叶滋味苦涩，品质下降。

一般认为，适宜茶树经济栽培的年平均气温在 13 ℃以上，茶树生长季节的月平均气温不低于 15 ℃。随着气温升高，新梢生长速度加快，当气温达到 35 ℃以上时，茶树生长会受到抑制。最适宜新梢生长的日平均气温为 20～25 ℃。秋冬季气温下降到 10 ℃以下时，茶树地上部进入休眠状态，停止生长。茶树对低温的耐受程度因品种而异，根据不同地区、不同类型茶树品种耐低温的表现，一般把中、小叶种茶树经济生长最低气温界限定为 -10～8 ℃，大叶种定为 -3～2 ℃。大叶种茶树在气温低于 -6 ℃和小叶种茶树在低于 -16 ℃时，茶树新梢将遭受冻害。

（三）水分因素

水是植物体重要的组成部分。据测定，茶树植株的含水量达到55%～60%，其中新梢的含水量高达70%～80%。在茶叶采摘过程中，新梢不断萌发，不断采收，需要不断地补充水分。所以，茶树的需水量比一般树木要多。一般认为，年降水量1000毫米以上、月降水量100毫米以上、空气相对湿度70%以上、土壤田间持水量60%以上的条件，就可满足茶树的生长发育要求，但并不是水分越多越好。国内外研究认为，茶树生长季年降水量2000～3000毫米、月均降水量200～300毫米、大气相对湿度80%～90%和土壤田间持水量70%～80%，最适宜茶树的生长发育。

空气湿度与茶树生长发育的关系表现为空气湿度大时，一般新梢叶片大、节间长，新梢持嫩性强、叶质柔软、内含物丰富，因此茶叶品质好。茶树生长期间，空气相对湿度在80%～90%比较适宜；当茶园中空气相对湿度小于60%时，土壤的蒸发和茶树的蒸腾作用就会显著增强，在这种情况下，如果长时间无雨或者不进行灌溉，就会发生土壤干旱，影响茶树的正常生长发育，出现减产；当空气相对湿度大于90%时，空气中的水汽含量接近饱和状态，容易导致与湿害相关的病害发生。

（四）光照因素

茶树喜光耐阴，忌强光直射。茶树有机体中90%～95%的干物质是靠光合作用合成的，而光合作用必须在阳光照射下才能进行。光照条件差的枝条发育就细弱；光照充分的叶片细胞排列紧密，表皮细胞较厚，叶片比较肥厚、坚实，叶色相对深而有光泽，品质成分含量丰富，制成的茶叶滋味浓厚；相反，光照不足的叶片大而薄，叶色浅，质地较松软，水分含量相对增高，茶叶滋味表现淡薄。但是，值得注意的是，茶树生长发育对光照强度的要求并不是越高越好。

就茶叶品质而言，在低温高湿、光照强度较弱条件下生长的鲜叶氨基酸含量较高，有利于制成香味较醇的绿茶；在高温、强日照条件下生长的鲜叶多酚类含量较高，有利于制成汤色浓而味强烈的红茶。

四、茶叶的采摘

栽培茶树一般要经过三四年才能正式采茶。对于茶农来说，采茶是获得经济效益的开始，而对茶树来说是一种刺激和损伤，所以对于采摘期的茶树，必须加强肥培管理，大量补充营养，这样才能使其持续高产优质茶叶。采摘时主要采摘茶树上新发出来的嫩芽叶，具体采摘标准主要根据茶类对新梢嫩度与品质的要求和产量因素进行确定，力求取得最高的经济效益。

中国茶类丰富多样，品质特征各具一格。因此，对茶叶采摘标准的要求，差异很大，归纳起来，大致可分为4种情况。

（一）细嫩采的标准

细嫩采是指在芽初萌至初展期进行采摘。采用这种采摘标准采制的茶叶，主要用来制作高级名茶。如高级西湖龙井、洞庭碧螺春、君山银针、黄山毛峰、庐山云雾等，对鲜叶嫩度要求很高，一般是采摘茶芽和一芽一叶以及一芽二叶初展的新梢。前人称采"麦颗""旗枪""莲心"茶，指的就是这个意思。这种采摘标准，花工夫，产量不多，季节性强，大多在春茶前期采摘。

（二）适中采的标准

适中采广泛运用于大宗红茶、绿茶采摘。采用这种采摘标准采制的茶叶，主要用来制作大宗茶类。如内销和外销的眉茶、珠茶、工夫红茶、红碎茶等，要求鲜叶嫩度适中，一般以采一芽二叶为主，兼采一芽三叶和幼嫩的对夹叶。这种采摘标准下，茶叶品质较好，产量也较高，经济效益也不差，因此这是中国目前最普遍的采摘标准。

（三）成熟采的标准

成熟采，又称开面采，即当顶叶驻芽形成时，采摘驻芽梢开面的二、三叶或三、四叶，也叫"三四叶开面采"。采用这种采摘标准采制的茶叶，主要用来制造一些传统的特种茶。如乌龙茶，它要求有独特的滋味和香气。采摘标准是新梢长到顶芽停止生长，顶叶尚未"开面"时采下二至四叶比较适宜。如采摘鲜叶太嫩，制成乌龙茶，色泽红褐灰暗，香低味涩；采摘鲜叶太老，外形显得粗大，色泽干枯，滋味淡薄。鲜叶内含成分分析表明，采摘二、三叶中开面梢最适宜制乌龙茶。这种采摘标准下，全年采摘批次不多，产量不高。

（四）粗老采的标准

采用这种采摘标准采摘的茶叶，主要用来制作边销茶。茯砖茶原料采摘标准是需等到新梢快顶芽停止生长，下部基本成熟时，采去一芽四、五叶和对夹三、四叶。南路边茶为适应藏族同胞熬煮时掺和酥油的特殊饮茶习惯，要求滋味醇和，回味甘润，所以，采摘标准是待新梢成熟、下部老化时才用刀割去新枝基部一、二片成叶以上全部枝梢。这种采摘方法，采摘批次少，产量并不多。茶树投产后，前期产量较高，但由于对茶树生长有较大影响，容易衰老，经济有效年限不是很长。

茶叶的采摘分人工采摘和机械采摘两种。手采是我国传统的采摘方法，也是广泛运用的采摘法。它的最大优点是采摘精细，批次多，质量好。缺点是费工夫，成本高，难以做到及时采摘。但目前细嫩名优茶的采摘标准要求高，还不能实行机械采茶，仍用手工采茶。机械采茶目前多采用双人抬往返切割式采茶机采茶。如果操作熟练，肥水管理跟上，机械采茶对茶树生长发育和茶叶产量、质量并无影响，而且还能减少采茶劳动力，降低生产成本，提高经济效益。但是茶叶无选择性，茶梗、老叶、嫩叶混在一起，因此对茶园的树冠管理要求特别高。

拓展链接

茶的字音、字形及传播

中国地大物博，民族众多，因而在语言和文字上也是异采纷呈，对同一物，有多种称呼，对同一称呼又有多种写法。在古代史料中，有关茶的名称很多，如荈诧、瓜芦木、荈、皋芦、槚、茶、茗、荼。到了中唐时，茶的音、形、义已趋于统一，后来，又因陆羽《茶经》广为流传，"茶"的字形进一步得到确立，一直延用至今。中国是一个多民族国家，因方言的原因，同样的茶字，在发音上也有差异。

世界各国对茶的称谓，大多是由中国茶叶输出地区人民的语音直译过去的。如日语的"チャ"和印度语对茶的读音都与"茶"的原音很接近。俄语的"чай"与我国北方茶叶的发音

相近似。英文的"ea"、法文的"he"、德文的"thee"、拉丁文的"hea"都是照我国广东、福建沿海地区的发音转译的。此外，如印地语、乌尔都语等的茶字发音，也都是我国汉语茶字的音译。

从茶字的演变与确立，到世界各地的有关茶的读音，无不说明，茶出自中国，源于中国，中国是茶的原产地。

● 实训项目

茶树叶片形态的观察操作技艺

实训时间：实训授课 1 学时，共计 45 分钟，其中示范讲解 10 分钟，学员操作 25 分钟，考核测试 10 分钟。

实训器具：不同品种茶叶定型叶、放大镜、米尺。

实训方法：（1）示范讲解；（2）学员分成 3 人 / 组，在操作室进行操作练习。

操作项目	主要内容及标准
叶片基本特征	取定型叶片观察叶缘锯齿的对数，记载其深浅、对数，主脉与侧脉的角度，侧脉弯曲的部位、对数，叶尖形状分圆头、钝状、渐尖、急尖
叶片大小	取不同品种定型叶，量叶长（叶片基部至叶尖）、宽（叶片最大的宽度），然后计算叶面积，计算方法为：叶面积 = 叶长 * 叶宽 *0.7（系数） 叶片大小的分类标准：叶面积 >50 平方厘米为特大叶，28 ～ 50 平方厘米为大叶，14 ～ 28 平方厘米为中叶，<14 平方厘米为小叶
叶片形状	目测并结合整个品种叶形指数（叶长 / 叶宽），研究叶片形状，划分标准为：长宽比为 2.0 以下为近圆形，长宽比为 2.0 ～ 2.5 为椭圆形，长宽比 2.6 ～ 3.0 为长椭圆形，长宽比 3.0 以上为披针形
叶面	目测，分平、隆起、微隆起
叶质	目测，分软、中等、硬脆
叶色	目测，分深绿、绿色、黄绿

● 实训考核

茶树叶片形态观察技能评分表

组别：_____　　　　姓名：_____

考核内容	考核要点	分值	组内互评	组间互评	教师评价
叶片基本特征	观察叶片相关特征	3			
叶片大小	通过量、计算，判断叶片大小	2			
叶片形状	目测、计算，判断叶片形状	2			
叶面	目测判断	1			
叶质	目测判断	1			
叶色	目测判断	1			
总　分		10			

▐ 课后练习

一、单选题

1. 在中国，茶的利用已经有（　　　）年的历史。

　　A. 五六千年　　　　B. 四五千年　　　　C. 六七千年　　　　D. 三四千年

2. 茶树最适宜的温度是（　　　）。
   A. 18～20℃　　　　B. 18～25℃　　　C. 18～28℃
3. 我国古籍中，最早见有"茶"字的是（　　　）。
   A. 《诗经》　　　　　　　　　　　B. 《茶经》
   C. 《神农本草经》　　　　　　　　D. 《史记》
4. 茶原产自（　　　）。
   A. 浙江　　　　　B. 云贵川地区　　　C. 北京　　　　D. 内蒙古
5. 下列哪个选项不属于云南重要的产茶区（　　　）。
   A. 滇北　　　　　B. 滇南　　　　　C. 滇西　　　　D. 滇东

二、判断题

1. 我国茶树的植株形态都是灌木型的。　　　　　　　　　　　（　　　）
2. 中国的南方地区是茶树的原产地。　　　　　　　　　　　　（　　　）
3. 茶树属于双子叶植物。　　　　　　　　　　　　　　　　　（　　　）
4. 中国第一本茶学百科全书是《茶经》。　　　　　　　　　　（　　　）
5. 乌龙茶采摘适合成熟采。　　　　　　　　　　　　　　　　（　　　）

第二节　茶区与茶

一、中国茶区

中国的茶区分布辽阔，东起东经122°的台湾省东部海岸，西至东经95°的西藏自治区易贡，南自北纬18°的海南三亚，北到北纬37°的山东省荣成市，东西跨经度27°，南北跨纬度19°。茶区主要分布在秦岭以南的省市，现有茶园面积110万公顷。

中国处在亚热带及温带地区，南方的大部分省区都产茶，长江以北有一些省区的部分地区也产茶。中国总共有20个省、自治区、直辖市产茶，分别是浙江、福建、安徽、江苏、江西、湖南、湖北、四川、云南、广西、广东、海南、河南、陕西、山东、甘肃、台湾、西藏、贵州、重庆。

中国茶区主要分布在秦岭—淮河以南，根据茶树的生产特点、所在的地理位置、生态条件等特点，可以分为4个茶区：江南茶区、华南茶区、西南茶区和江北茶区。

（一）江北茶区

江北茶区位于长江中下游北岸，包括河南、陕西、甘肃、山东等省和皖北、苏北、鄂北等地。江北茶区主要生产绿茶。

茶区年平均气温为15～16℃，冬季绝对最低气温一般为-10℃左右，年降水量较少，为700～1000毫米，且分布不均。可见该茶区气温较低，茶树冬季易遭冻害、易受旱，依赖灌溉，这是我国茶树生长条件较差的区域。茶区土壤多属黄棕壤或棕壤，是中国南北土壤的过渡类型。因此，该茶区产量低一些，主要生产绿茶。但少数山区有良好的微域气候，故茶的质量亦不亚于其他茶区，如六安瓜片、信阳毛尖等。

（二）江南茶区

江南茶区位于中国长江中下游南部，包括浙江、湖南、江西等省和皖南、苏南、鄂南等地，为中国茶叶主要产区，年产量大约占全国总产量的三分之二。生产的主要茶类有绿茶、红茶、黑茶、花茶以及品质各异的特种名茶，如西湖龙井、黄山毛峰、洞庭碧螺春、君山银针、庐山云雾等。

茶园主要分布在丘陵地带，少数在海拔较高的山区。这些地区气候四季分明，年平均气温为15～18℃，冬季气温一般在−8℃左右，年降水量1400～1600毫米。春夏季雨水最多，占全年降水量的60%～80%，秋季干旱。茶区土壤主要为红壤，部分为黄壤或棕壤，少数为冲积壤。

（三）华南茶区

华南茶区位于中国南部，包括岭南以南的广东、广西、福建、台湾、海南等，为中国最适宜茶树生长的地区。有乔木、小乔木、灌木等各种类型的茶树，茶资源极为丰富，生产红茶、乌龙茶、花茶、白茶和六堡茶等，所产大叶种红碎茶，茶汤浓度较大。

除闽北、粤北和桂北等少数地区外，年平均气温为19～22℃，最低月（一月）平均气温为7～14℃，茶年生长期10个月以上，年降水量是中国茶区之最，一般为1200～2000毫米，其中台湾省雨量特别充沛，年降水量超过2 000毫米。茶区土壤以砖红壤为主，部分地区也有红壤和黄壤分布，土层深厚，有机质含量丰富。

（四）西南茶区

西南茶区是我国的高原茶区，包括云南、贵州、四川三省以及西藏东南部，是中国最古老的茶区。茶树品种资源丰富，生产红茶、绿茶、沱茶、紧压茶和普洱茶等，是中国发展大叶种红碎茶的主要基地之一。

云贵高原为茶树原产地中心。地形复杂，有些同纬度地区海拔悬殊，气候差别很大，大部分地区属亚热带季风气候，冬不寒冷，夏不炎热。土壤状况也较为适合茶树生长，四川、贵州和西藏东南部以黄壤为主，有少量棕壤；云南主要为赤红壤和山地红壤。土壤有机质含量一般比其他茶区丰富。

二、茶叶的分类

中国茶叶的种类繁多，命名更是五花八门。茶叶界有句行话"茶叶学到老，茶名记不了"，便是指这多种多样的茶叶品名，即使是从事茶叶工作一辈子的人，也不一定能够全部记清楚。然而，中国茶叶品目之多、品质各异非一朝一夕，而为数千年之积累，经历了由粗到细、由简单到复杂、由低级到高级的发展过程。名茶是各类茶叶中的佼佼者，其品质之优无以复加，其花色品目之众不胜枚举，各显其姿、各领其誉。

茶叶命名目前尚没有统一的方法，一般根据形状、色香味、品种、产地、采摘时间、加工技术等为茶叶命名。同样，对于茶叶的分类，也是众说纷纭。目前较为普遍的是按照加工工艺分成的两大类，即基本茶类和再加工茶类。

（一）基本茶类

凡是采用常规的加工工艺，茶叶的色、香、味、形符合传统质量规范的，都属于基本茶类。

基本茶类一般以茶的鲜叶为原料，经不同的加工工艺制作而成，不同茶叶所具有的基本品质特征是在不同的加工过程中得以形成的。习惯上按干茶或茶汤的色泽，将基本茶类划分为绿茶、黄茶、白茶、红茶、乌龙茶和黑茶 6 种类型。

1. 绿茶

绿茶属于不发酵茶，是我国产区最广、产量最多、品质最佳的一类茶叶，目前年产 40 吨左右，全国各产茶省区都有生产绿茶，其产量占我国茶叶总产量的 70% 左右。绿茶也是我国最主要的出口茶类，在世界绿茶总贸易量中，我国出口的绿茶占 80% 左右。绿茶生产工艺为杀青→揉捻→干燥，根据干燥方式和杀青方法的不同，可分为以下 4 种。

炒青绿茶：炒青绿茶在干燥过程中由于机械或手工力的作用不同而形成不同的形状，又可分为长炒青、圆炒青和扁炒青等，如龙井、竹叶青、眉茶、珠茶等。

烘青绿茶：外形挺秀，条索完整显锋苗，色泽绿润，冲泡后汤色青绿、香味鲜醇。烘青绿茶根据原料的老嫩和制作工艺的不同又分为"普通烘青"和"细嫩烘青"两类。烘青茶吸香能力强，普通烘青多用来制作花茶，直接饮用者不多。细嫩烘青绿茶以细嫩的芽叶为原料精工细作而成，多为名茶，如六安瓜片、太平猴魁。

晒青绿茶：色泽墨绿或黑褐，汤色橙黄，有不同程度的日晒气味。如川青、黔青、桂青、鄂青等。

蒸青绿茶：采用蒸汽杀青制成的绿茶统称"蒸青绿茶"，有"中国蒸青""日本蒸青""印度蒸青"之分，日本的蒸青产量最高。蒸青绿茶一般具有"三绿"的特征，即干茶深绿色、茶汤黄绿色、叶底青绿色。大部分蒸青绿茶外形成针状，如湖北的恩施玉露。

2. 黄茶

黄茶是中国特产，属轻发酵茶类，加工工艺近似绿茶。黄茶的工艺流程为杀青→揉捻→闷黄→干燥，其最重要的工序在于闷黄，这是形成黄茶特点的关键，因此成品茶具有黄叶黄汤、香气清悦、滋味醇厚的品质特点。闷黄主要做法是将杀青和揉捻后的茶叶用纸包好或堆积后以湿布盖之，时间从几十分钟或几个小时不等，促使茶坯在水热作用下进行非酶性的自动氧化，形成黄色。按照鲜叶的嫩度和芽叶大小可分为以下 3 种。

黄芽茶：可分为银针和黄芽两种，前者如君山银针，后者如蒙顶黄芽、霍山黄芽等。

黄大茶：黄大茶的产量较多，主要有霍山黄大芽、广东大叶青等。

黄小茶：有湖南的北港毛尖、沩山毛尖，浙江的平阳黄汤等。

3. 白茶

白茶属于微发酵茶类，是中国茶农创制的传统名茶，产区小、产量少，主产于福建省，是中国茶类中的特殊珍品。基本工艺包括萎凋→烘焙（或阴干）→拣剔→复火→装箱等 5 道工序，萎凋是形成白茶品质的关键工序。因其成品茶多为芽头，满披白毫，如银似雪而得名。根据原料的嫩度，白茶可分为以下两种。

白芽茶：采用单芽为原料加工而成的为芽茶，如白毫银针。

白叶茶：采用完整的一芽一叶加工而成的为叶茶，如白牡丹、贡眉。

4. 红茶

红茶属于全发酵茶类，在国际茶叶市场上，红茶的贸易量占到了世界茶叶贸易总量的 90% 以上，印度和斯里兰卡是世界上最大的红茶种植国和输出国。红茶最基本的品质特点

是红叶红汤，干茶色泽偏深，红中带乌黑，所以红茶的英文名为"Black Tea"。红茶的加工方法为萎凋→揉捻→发酵→干燥4道工序。根据生产工艺，红茶主要分为以下3类。

小种红茶：我国福建特产，因为在加工中采用松柴明火加温萎凋和干燥，所以干茶带有浓烈的松烟香。小种红茶以福建崇安县星村乡桐木关所产的品质为最佳，被称作"正山小种"或"星村小种"。

工夫红茶：按产地的不同有"祁红""滇红""宁红""宜红""闽红"等不同的分类，品质各具特色。

红碎茶：是在红茶加工工序中，以揉切代替揉捻，或揉捻后再揉切。揉切的目的是充分破坏叶组织，使干茶的内含成分更容易泡出，形成红碎茶滋味浓、强、鲜的品质风格。按其外形，红碎茶又细分为叶茶、碎茶、片茶和末茶4个品种。

5. 乌龙茶（青茶）

乌龙茶又名青茶，属于半发酵茶类（发酵度为10%～70%），主要产区为福建、广东、台湾三省。乌龙茶的成品外形紧结重实，干茶色泽呈深绿色或青褐色，香气馥郁，汤色金黄或橙黄，清澈明亮，滋味醇厚，富有天然的花香。乌龙茶的生产工艺为萎凋→做青→炒青→揉捻→干燥，半球形茶在加工过程中还增加了一道包揉的程序。按产地不同可分为以下4种。

闽北乌龙茶：指产于福建北部南平市一带的乌龙茶，主要分为武夷岩茶、闽北水仙和闽北乌龙，以武夷岩茶最为著名。岩茶的花色品种很多，大多以茶树品种命名，主要品种有水仙、乌龙、奇种、名丛，其中大红袍、白鸡冠、铁罗汉、水金龟被誉为闽北四大名丛。

闽南乌龙茶：闽南乌龙茶的优良品种很多，以安溪县生产的乌龙茶最为有名。安溪县所产乌龙茶占全国乌龙茶产量的四分之一左右，其中铁观音、黄金桂、毛蟹和本山被称为闽南四大名丛，其中又以铁观音品质最优、产量最多。

广东乌龙茶：主要产于汕头地区的潮安、饶平等县，主要品种有水仙和梅占等。潮安乌龙茶因主要产区为凤凰乡，所以一般以水仙品种结合地名称为"凤凰水仙"。根据原料的优次、制作工艺的不同，凤凰水仙分为凤凰单丛、凤凰浪菜和凤凰水仙三个品级。

台湾乌龙茶：台湾乌龙茶原产于福建，但是福建乌龙茶的制作工艺传到台湾后有所改变，使得台湾乌龙茶别具一格。台湾乌龙茶根据发酵程度和工艺流程的区别可分为重发酵的台湾乌龙和轻发酵的文山型包种茶与冻顶型包种茶。

6. 黑茶

黑茶属后发酵茶类。黑茶采用的原料大多较粗老，是压制紧压茶的主要原料，主要销往我国边疆地区或出口到俄罗斯等国家，因此，习惯上把以黑茶为原料制成的紧压茶又称边销茶。黑茶既可以直接饮用，也可以压制成紧压茶，它主要产于湖南、湖北、四川、云南、广西等省区。黑茶的基本制作工艺为杀青→揉捻→渥堆→干燥，其中渥堆是黑茶制作的特有工序，也是黑茶品质形成的关键工序。黑茶按照加工方法及形状不同，可分为散装黑茶和压制黑茶两种。

散装黑茶：也称黑毛茶，主要有湖南黑毛茶、湖北老青茶、广西六堡散茶、云南普洱茶等。

压制黑茶：主要以湖南黑毛茶、湖北老青茶、广西六堡散茶、云南普洱茶以及红茶的片末为原料，经整理加工后压制成形。根据压制的形状不同，又分为砖形茶，如茯砖茶、花砖茶、黑砖茶等；圆形茶，如七子饼茶；枕形茶，如康砖茶、金尖茶；篓装茶，如六堡茶、方包茶；等等。

（二）再加工茶类

用基本茶类中的茶作为原料，进行再加工的产品，统称为再加工茶类，主要包括花茶、紧压茶、袋泡茶、粉茶等。

1. 花茶

花茶，又名香片，利用茶善于吸收异味的特点，将有香味的鲜花和新茶一起闷，茶将香味吸收后再把干花筛除，制成的花茶香味浓郁。窨茶叶时所用的原料被称为茶坯或素坯，以烘青绿茶为多，少数也选用红茶或乌龙。因选用的香花不同，花茶又分为茉莉花茶、白兰花茶、珠兰花茶、桂花花茶、玫瑰花茶等。花茶的基本生产工艺是：茶坯复火→香花打底→窨制拼合→通花散热→起花→复火→提花→匀堆装箱。

花茶依据生产工艺的不同可分为窨花茶、工艺花茶两类。

（1）窨花茶：它是中国最传统的花茶，是利用茶叶的吸附性，将茶叶和香花拼合窨制，使茶叶吸收花香而成。一般而言，我国大陆地区多以绿茶窨花，台湾地区多以乌龙茶窨花，目前也逐渐出现了以红茶窨花。花茶富有独特的花香，一般是以窨的花种进行命名，窨制次数越多，香气越高。

（2）工艺花茶：工艺花茶又称艺术茶、特种工艺茶（图3-6），是指以茶叶和可食用花卉为原料，经整形、捆扎等工艺制成外观造型各异，冲泡时，可在水中开放出不同形态的造型花茶。特选嫩芽叶和多种天然的干鲜花组成原料，经新工艺的精心配制而成，茶朵外形奇特，杯中的小花朵美丽多姿，美感动人，诱人叫绝。同时又融茶之色、香、味、形于一体，极富艺术底蕴，典藏着无尽的如诗如梦、亦幻亦真的心灵境界。

图3-6　工艺花茶

2. 紧压茶

紧压茶，是以黑毛茶、老青茶、做庄茶等为原料，经过渥堆、蒸、压等典型工艺过程加工而成的砖形或其他形状的茶叶。多数紧压茶的品种比较粗老，干茶色泽黑褐，汤色橙黄或橙红。紧压茶在少数民族地区非常流行。紧压茶有防潮性能好、便于运输和贮藏、茶味醇厚等特点。

3. 袋泡茶

通过严格的制作工艺、科学的贮藏方法，将专门采摘的茶叶装入特制的小包装袋内，使茶叶保持色、香、味。袋泡茶品种多样，品质优良，取饮方便。

4. 粉茶

利用研磨技术（利用粉碎机而非石磨）将传统茶叶磨成茶粉，茶粉主要作为加工食品的配料。

三、认识中国名茶

中国饮茶及种茶历史悠久，各种各样的茶类品种争奇斗艳，犹如春天的百花园，使万里山河分外妖娆。而中国名茶就是诸多品种茶叶中的珍品。尽管人们对名茶的认识尚不十分统一，但综合各方面情况，名茶必须具有以下几个方面的基本特点：其一，具有独特的风格，

分别体现在色、香、味、形四个方面；其二，要有商品的属性；其三是，要被社会所承认。

综上所述，名茶应该具有独特的外形和优异的品质，色、香、味、形俱佳，从而具有较大知名度。名茶的形成除了具有优越的自然条件、生态环境和精心采制、加工外，往往还有一定的历史渊源和文化背景。

（一）名优绿茶

1. 西湖龙井

西湖龙井，属绿茶，中国十大名茶之一。产于浙江省杭州市西湖龙井村周围群山，并因此得名。具有 1200 多年历史，历史上曾有"狮""龙""云""虎""梅"五个字号。

清代乾隆皇帝游览杭州西湖时，盛赞西湖龙井茶，把狮峰山下胡公庙前的 18 棵茶树封为"御茶"。西湖龙井按外形和内质的优次分为 1～8 级。

西湖龙井的采摘十分注重茶芽的细嫩和完整，通过专业手法炒制出的特级西湖龙井茶，扁平光滑挺直，色泽嫩绿光润，香气鲜嫩清高，滋味鲜爽甘醇，叶底细嫩呈朵，素以色绿、香郁、味甘、形美四绝著称。清明节前采制的龙井茶简称明前龙井，有美称"女儿红"，"院外风荷西子笑，明前龙井女儿红"。西湖龙井茶与西湖一样，是人、自然、文化三者的完美结晶，是西湖地域文化的重要载体，如图 3-7 所示。

图 3-7　西湖龙井

2. 洞庭碧螺春

碧螺春产于江苏省苏州市太湖洞庭山，洞庭分东、西两山，洞庭东山是宛如一个巨舟伸进太湖的半岛，洞庭西山是一个屹立在湖中的岛屿。两山气候温和，年平均气温 15.5～16.5 ℃，年降雨量 1200～1500 毫米。太湖水面，水汽升腾，雾气悠悠，空气湿润。土壤呈微酸性或酸性，加之质地疏松，极适于茶树生长。

洞庭碧螺春（图 3-8）是我国名茶中的珍品，以形美、色艳、香浓、味醇四绝闻名于中外。碧螺春的品质特点是：条索纤细、卷曲成螺、满身披毫、银白隐翠、清香淡雅、鲜醇甘厚、回味绵长，其汤色碧绿清澈，叶底嫩绿明亮。有"一嫩三鲜（色、香、味）"之称。当地茶农如此描述碧螺春：铜丝条，螺旋形，浑身毛，有花香果味，鲜爽生津。碧螺春也因此而得名。

图 3-8　洞庭碧螺春

3. 骑龙白茶

骑龙白茶属特殊绿茶，产于海拔 800 米的湖北省鹤峰县邬阳乡的二高山，这里气候温和湿润、四季分明、雨量充沛，土层深厚、富含多种微量元素，特别是硒元素含量极为丰富。经生化测定，骑龙白茶中氨基酸含量比其他绿茶高 2～4 倍，茶多酚含量比其他绿茶低一半。骑龙白茶的采摘时间仅仅在早春二十几天，只能在特定的白化期内采摘、加工和制作。白化返绿是骑龙白茶的一种特殊生理机制，早春幼嫩芽呈玉白色；春茶后期随气温升高，光照增强，叶色逐渐转为白绿相间的花叶；至夏，芽叶恢复为全绿，与一般绿茶无异。

骑龙白茶干茶外形挺直如针，形如兰蕙，有茶中"瘦金体"的美誉；色如玉霜，白毫显露；开汤后汤色嫩绿明亮，香气清新馥郁，滋味鲜爽甘醇。尤值一提的是，开汤 2～3 分钟后，芽茶舒展，叶片莹薄透亮，还原为玉白色，叶脉呈翠黄（绿）色，似片片翡翠起舞，极具观赏价值（图 3-9）。

图 3-9　骑龙白茶

4. 六安瓜片

六安瓜片产于安徽省六安市，尤以金寨、霍山两县所产之品质最佳，分内山瓜片和外山瓜片两个产区。六安瓜片每逢谷雨前后 10 天之内采摘，采摘时取二、三叶，求"壮"不求"嫩"，故六安瓜片的外形，似瓜子形的单片，自然平展，叶缘微翘，色泽翠绿，大小匀整，不含芽尖、茶梗，清香高爽，滋味鲜醇回甘，汤色清澈透亮，叶底绿嫩明亮，如图 3-10 所示。

图 3-10　六安瓜片

5. 太平猴魁

太平猴魁，产于安徽省黄山市北麓的黄山区（原太平县）新明一带，主产区位于新明乡三门村的猴坑、猴岗、颜家，尤以猴坑高山茶园所采制的尖茶品质最优。茶园皆分布在 350 米以上的中低山，土质多黑沙壤土，土层深厚，富含有机质。茶山地势多坐南朝北，位于半阴半阳的山脊山坡。产地低温多湿，土质肥活，云雾笼罩。

太平猴魁外形两叶抱芽，扁平挺直，自然舒展，白毫隐伏，色泽苍绿匀润，叶脉绿中隐红，俗成"红丝线"，有"猴魁两头尖，不散不翘不卷边"的美名。太平猴魁的色、香、味、形皆独具一格：全身披白毫，含而不露，入杯冲泡，芽叶成朵，或悬或沉。品其味则幽香扑鼻，

醇厚爽口，回味无穷，有"头泡香高，二泡味浓，三泡四泡幽香犹存"的意境。如图3-11所示。

图3-11　太平猴魁

（二）名优红茶

1. 祁门红茶

祁门红茶（图3-12）简称祁红，茶叶原料选用当地的中叶、中生种茶树"槠叶种"（又名祁门种）制作，是中国历史名茶、著名红茶精品。1875年安徽黟县人余干臣从福建罢官回乡经商时，把红茶制作工艺带到祁门。现今祁门红茶主要产于安徽省祁门、东至、贵池（今池州市）、石台、黟县以及江西的浮梁一带。

图3-12　祁门红茶

"祁红特绝群芳最，清誉高香不二门。"祁门红茶是红茶中的极品，享有盛誉，是英国王室的至爱饮品，高香美誉，茶名远播，美称"群芳最""红茶皇后"。

祁红的主要特点是：茶叶外形条索紧细，苗秀显毫，色泽乌润；茶叶香气清香持久，似果香又似玫瑰花香，国际茶市上把这种香气专门叫作"祁门香"；汤色红艳透明，叶底鲜红明亮；滋味醇厚，回味隽永。

2. 金骏眉

金骏眉茶（图3-13），属于工夫红茶，原产于福建省武夷山市桐木村。该茶是由正山小种红茶第二十四代传承人江元勋带领团队在传统工艺的基础上通过创新融合，于2005年研制出的新品种红茶。

图3-13　金骏眉

金骏眉之所以名贵，是因为全程都由制茶师傅手工制作，每500克金骏眉需要数万颗茶叶鲜芽尖。采摘武夷山自然保护区内的高山原生态小种新鲜茶芽，然后经过一系列复杂的萎凋、摇青、发酵、揉捻等加工步骤而得以完成。金骏眉是难得的茶中珍品，外形细小紧密，伴有金黄色的茶绒、茶毫，汤色金黄，入口甘爽。

3. 槽门一品红

槽门一品红（图3-14）产于湖北鹤峰县大溪村槽门寨子古村落黄岩山脉，黄岩山脉是由黄岩石块组成的山脉，山上的茶树都是遗留下来的老茶树，多年无人管理形成荒野状态，不打农药、不施化肥、没有除草剂，有多株百年老茶树生长于悬崖石壁上，内含物质非常丰富，岩韵明显。

槽门一品红，外形细紧匀齐，锋苗显露，色泽乌润，汤色橙红明亮，香气馥郁持久，滋味鲜醇甘爽，叶底嫩匀柔软呈古铜色。

图3-14　槽门一品红茶

（三）名优乌龙茶

1. 铁观音

铁观音（图3-15）是中国传统名茶，属于青茶类，是中国十大名茶之一。原产于福建泉州市安溪县西坪镇，铁观音的起源有两个传说。第一种传说：1725年观音托梦安溪西坪茶农魏荫，魏荫在打石坑时发现茶树，后移植到家中的一口破铁鼎中，所以取名铁观音。第二种传说：1736年西坪仕人王士让发现茶树，制成茶品后赠送礼部侍郎方苞，方苞再转送乾隆皇帝，因其形如观音、重如铁，便赐名"铁观音"。"铁观音"既是产品名，也是茶树品种名，铁观音茶介于绿茶和红茶之间，属于半发酵茶类。铁观音外观卷曲、壮结、沉重，色泽乌润，富有光泽，砂绿显，红点明，呈"青蒂绿腹蜻蜓头"状，素有"美如观音重如铁"之说。铁观音独具"观音韵"，清香雅韵，冲泡后有天然的兰花香，滋味纯浓，香气馥郁持久，有"七泡有余香"之誉。

图3-15　铁观音

铁观音含有较高的氨基酸、维生素、矿物质、茶多酚和生物碱等多种营养和药效成分，除具有一般茶叶的保健功能外，还具有抗衰老、抗动脉硬化、防治糖尿病、减肥健美、防治龋齿、清热降火等功效。

2. 大红袍

大红袍（图 3-16）产于福建武夷山，属乌龙茶，品质优异。其外形条索紧结，色泽带宝色、油润，叶底软亮、匀齐、红边或带朱砂色。品质最突出之处是香气馥郁有兰花香，香高而持久，"岩韵"明显。除与一般茶叶一样具有提神益思、消除疲劳、生津利尿、解热防暑、杀菌消炎、解毒防病、消食去腻、减肥健美等功效外，还具有降血脂、抗衰老等特殊功效。大红袍很耐冲泡，冲泡七八次仍有香味。

大红袍的茶多酚、茶多糖、茶氨酸 3 种有益成分含量高，具有抗癌、降血脂、增强记忆力、降血压等良好的作用。

图 3-16 大红袍

3. 凤凰单丛

凤凰单丛（图 3-17）正宗产地以有"潮汕屋脊"之称的凤凰山东南坡为主。凤凰山内植被多样化，山清水秀，其绿化率达到 96.4%、森林覆盖率为 85.1%。该区濒临东海，气候温暖，雨水充足，终年云雾弥漫，空气湿润，昼夜温差大，年均气温在 20 ℃左右，年降水量 1800 毫米左右，土壤肥沃深厚，含有丰富的有机物质和多种微量元素，有利于茶树的发育与茶多酚和芳香物质的形成。

其外形条索粗壮，匀整挺直，色泽黄褐，油润有光，并有朱砂红点；冲泡清香持久，有独特的天然花蜜香、山韵，滋味浓醇鲜爽，润喉回甘；汤色清澈黄亮，叶底边缘朱红，叶腹黄亮，素有"绿叶红镶边"之称。

图 3-17 凤凰单丛

4. 冻顶乌龙

冻顶乌龙茶（图 3-18）主产于台湾省南投县鹿谷乡的冻顶山，山多雾，路陡滑，山顶叫冻顶，山脚叫冻脚。冻顶茶产量有限，尤为珍贵。

冻顶乌龙茶叶成半球状，色泽墨绿，边缘隐隐金黄色，冲泡后，茶汤金黄，偏琥珀色，带熟果香或浓花香，味醇厚甘润，喉韵回甘十足，带明显焙火韵味。

图 3-18 冻顶乌龙

（四）名优黄茶

1. 君山银针

君山银针（图 3-19）是汉族传统名茶，中国名茶之一。其产于湖南岳阳洞庭湖的君山，又形细如针，故名君山银针。君山银针，属于黄茶，其成品茶芽头苗壮，长短、大小均匀，茶芽内面呈金黄色，外层白毫显露完整，而且包裹坚实，茶芽外形很像一根根银针，雅称"金镶玉"。湖南君山银针香气清高，味醇甘爽，汤黄澄高，芽壮多毫，条索匀齐，着淡黄色茸毫。冲泡后，芽竖悬汤中冲升水面，徐徐下沉，再升再沉，三起三落，蔚成趣观。

图 3-19 君山银针

"金镶玉色尘心去，川迥洞庭好月来。"君山茶历史悠久，唐代就已生产。据说文成公主出嫁时就选带了君山银针茶入藏。

2. 蒙顶黄芽

蒙顶黄芽（图 3-20），是芽形黄茶之一，产于四川省雅安市蒙顶山。蒙顶茶栽培始于西汉，距今已有两千年的历史，古时为贡品供历代皇帝享用，中华人民共和国成立后该茶曾被评为全国十大名茶之一。

图 3-20 蒙顶黄芽

蒙顶黄芽采摘于春分时节，茶树上有 10% 的芽头鳞片展开，即可开园采摘。选圆肥单芽和一芽一叶初展的芽头，经复杂制作工艺，使成茶芽条匀整，扁平挺直，色泽黄润，金毫显露；汤色黄中透碧，甜香鲜嫩，甘醇鲜爽，为黄茶之极品。

（五）名优白茶

白毫银针（图 3-21）创制于 1796 年，是中国六大茶类之一的白茶，原产地在福建，主要产区为福鼎、政和、松溪、建阳等地，素有茶中"美女""茶王"之美称。

由于鲜叶原料全部是茶芽，白毫银针制成成品茶后，形状似针，芽身披毫，色白如银，因此命名为白毫银针。其针状成品茶，长约 3 厘米。福鼎所产茶芽茸毛厚，色白富光泽，汤色浅杏黄，味清鲜爽口。政和所产，汤味醇厚，香气清芬。

图 3-21　白毫银针

（六）名优黑茶

1. 普洱熟茶

普洱熟茶，属于黑茶类，主要产于云南省，以云南大叶种晒青毛茶为原料，以特定的渥堆发酵工艺制作而成。熟普洱散茶外形条索，肥硕紧实，色泽褐红，有陈香味，压饼后外形匀整，模纹清晰，不起层掉面，洒面均匀，松紧适度。开汤后汤色红浓明亮，滋味醇浓，爽滑回甘，叶底褐红柔软，经久耐泡。

普洱熟茶具有多种保健功效，可清胃生津、消食化痰、解酒解毒、利尿散寒、止咳化痰、降低血脂。

图 3-22　普洱茶

2. 六堡茶

六堡茶（图 3-23），产于广西梧州市苍梧县六堡乡，清朝初期，渐渐兴盛于广州、潮州一带；嘉庆年间，六堡茶以其特殊的槟榔香味被列为全国名茶之一。六堡茶采摘一芽二、三叶，经摊青、杀青、揉捻、渥堆、干燥等工艺制成，分为特级和一至六级。六堡茶的传统包装一般采用竹篓，以便茶叶的内含物质在贮藏期内继续转化；为了便于存放，六堡茶成品会压制加工成饼状、砖状、沱状、金钱状、圆柱状等，也有散装。六堡散茶外形条索，紧细圆直，色泽黑褐油润，有光泽，汤色红浓明亮，香气醇陈，带槟榔香，口感醇和爽口，略感甜滑，叶底黑褐饱满。

图 3-23　六堡散茶

拓展链接

"恩施玉露""利川红茶"成湖北国礼茶新名片

茶，是传承中国文化的重要载体，也是改变和引领人类生活方式的中国元素，长期担负中国与世界沟通的使者和桥梁作用。

2018 年 4 月 28 日，两大文明古国、世界上最大的两个发展中国家——中国和印度两国的领导人在武汉东湖举行非正式会晤，茶叙时，中印两国领导人品饮了湖北的恩施玉露与利川红茶。

此前"养在深闺人不识"的恩施玉露和利川红茶作为会晤茶叙的主要茶品，受到中印领导人的赞赏与好评，"恩施玉露""利川红茶"代表湖北名茶礼遇国宾，成为一张亮眼的湖北新名片。此后更是成为风靡大江南北的"网红"，现在喝茶不仅是中老年人的习惯，在年轻人中也流行起来。

高山云雾出好茶，恩施玉露是湖北省恩施州恩施市的特产，它纤细如针，色泽苍翠，泡之汤色明亮，香气清爽，饮之鲜爽甘醇，是我国历史上唯一保存下来的蒸青针形绿茶。

利川红茶是传统的条形茶，至今已有百余年历史，由于选料讲究，做工精细被称为"宜红工夫茶"，同祁红、滇红一起被列为我国传统三大工夫红茶。

● 实训项目

茶叶鉴别操作技艺

实训时间：实训授课 1 学时，共计 45 分钟，其中示范讲解 10 分钟，学员操作 25 分钟，考核测试 10 分钟。

实训器具：不同茶叶、评测茶杯、随手泡等。

实训方法：（1）示范讲解；（2）学员分成 3 人 / 组，在操作室进行操作练习。

操作项目	主要内容及标准
干评	根据观看干茶的外形,从形状(嫩度)、色度、匀度、净度总结出属于哪一大类茶
湿评	泡好各类茶具,通过对香气、滋味、汤色、叶底的描述,最后总结出是哪一种茶

● **实训考核**

茶叶鉴别技能评分表

组别:＿＿＿＿＿＿＿＿　　　　　姓名:＿＿＿＿＿＿＿＿

考核内容	考核要点	分值	组内互评	组间互评	教师评价
干评	形状(嫩度)	2			
	色度	1			
	匀度	1			
	净度	1			
湿评	香气	1			
	滋味	2			
	汤色	1			
	叶底	1			
总　分					

课后练习

一、单选题

1. 下列哪种茶的发酵程度最低?（　　　）
   A. 白茶　　　　　B. 黑茶　　　　　C. 红茶　　　　　D. 闽北乌龙茶

2. 骑龙白茶属于（　　　）。
   A. 红茶　　　　　B. 乌龙茶　　　　C. 绿茶　　　　　D. 黑茶

3. 碧螺春的外形是（　　　）。
   A. 卷曲形　　　　B. 针形　　　　　C. 直条形　　　　D. 颗粒形

4. 以下哪种茶是世界上产量和消费量最大的一种茶?（　　　）
   A. 绿茶　　　　　B. 红茶　　　　　C. 普洱茶　　　　D. 铁观音

5. 下列茶叶中,存放越久,品质越好的是（　　　）。
   A. 西湖龙井　　　B. 太平猴魁　　　C. 祁门红茶　　　D. 普洱茶

二、判断题

1. 在绿茶制作过程中,杀青的主要目的是通过高温增强酶的活性,促进茶多酚物质的氧化作用。　　　　　　　　　　　　　　　　　　　　　　　　　　（　　　）

2. 红茶类属全发酵茶,其茶叶颜色深红,茶汤呈朱红色。　　　　　　（　　　）

3. 青茶又叫乌龙茶,是半发酵茶类。　　　　　　　　　　　　　　　（　　　）

4. 药用保健茶是用茶叶和某些中草药拼合而成的。　　　　　　　　　（　　　）

5. 绿茶属轻发酵茶类,故其茶叶颜色翠绿、汤色黄。　　　　　　　　（　　　）

第三节　茶叶的鉴别与贮藏

茶叶的选购不是易事，要想得到好茶叶，需要掌握大量的知识，如各类茶叶的等级标准、价格行情以及茶叶的评审、检验方法等。购回茶叶之后，如果不知茶叶的贮藏方法，不妥善加以保存，茶叶很快就会变质、颜色发暗、香气散失、味道不良，甚至发霉不能饮用。因此，爱茶人士既要会选茶叶，还要会贮藏茶叶。

一、茶叶的鉴别

茶叶的好坏，主要从色、香、味、形4个方面鉴别。在选购茶叶时，如何挑选令自己满意的茶叶呢？首先需要确定选购的茶叶种类；然后，借助自己的视觉、嗅觉、触觉和味觉，采用"看、闻、摸、尝"的方法，即看茶叶的形状和色泽，闻茶叶香气的高与低、纯与浊，用手掂量茶叶"身骨"的重与轻、粗壮与细嫩以及含水量的高低，同时开汤尝其滋味。但是对于普通饮茶之人，购买茶叶时，一般只能观看干茶的外形、色泽和闻茶香，使得判断茶叶的品质更加不易。

（一）真假茶的鉴别

一般可以通过人的视觉、嗅觉、触觉和味觉器官去抓住茶叶固有的本质特征，用眼看、鼻闻、手摸、口尝的方法，综合判断出是真茶还是假茶。鉴别真假茶时，可以先用双手捧起一把干茶，放在鼻端，深深吸一口茶叶气味，凡有茶香者，为真茶；凡有清腥味或夹杂其他气味者即为假茶。同时，还可以结合茶叶色泽来鉴别，用手抓一把茶叶放在白纸或白盘子中间，摊开茶叶，精心观察，倘若绿茶深绿、红茶乌润、乌龙茶乌绿，且每种茶的色泽基本均匀一致，当为真茶；若茶叶颜色杂乱，很不协调，或与茶的本色不相一致，即有假茶之嫌。如果通过闻香察色不能作出抉择，那么，还可选适量茶叶，放入玻璃杯或白瓷碗中，冲上热水，进行开汤审评，根据汤的香气、汤色、滋味进一步鉴别。

（二）春茶、夏茶和秋茶的识别

春茶、夏茶与秋茶的划分，主要是依据季节变化和茶树新梢生长的间歇而定的。一般于5月底以前采制的为春茶，6月初至7月上旬采制的为夏茶，7月中旬以后采制的为秋茶。春茶、夏茶和秋茶的识别，可以从两个方面去判断。

1. 干看

干看主要综合干茶的色、香、形3个因素加以判断。绿茶色泽绿润，红茶色泽乌润，茶叶肥壮重实，或有较多白毫，且红茶、绿茶条索紧结，珠茶颗粒圆紧，而且香气馥郁，这些是春茶的品质特征。

绿茶色泽灰暗，红茶色泽红润，茶叶轻飘松宽，嫩梗宽长，且红茶、绿茶条索松散，珠茶颗粒松泡，香气稍带粗老，这是夏茶的品质特征。

绿茶色泽黄绿，红茶色泽暗红，茶叶大小不一，叶张轻薄瘦小，香气较为平和，这是秋茶的标志。

2. 湿看

湿看就是对茶叶进行开汤审评，作出进一步判断。凡茶叶冲泡后下沉快，香气浓烈持久，

滋味醇厚；绿茶汤色绿中显黄，红茶汤色红艳现金圈；茶叶叶底柔软厚实，正常芽叶多者，为春茶。

凡茶叶冲泡后，下沉较慢，香气稍低；绿茶滋味欠厚稍涩，汤色青绿，叶底中夹杂铜绿色芽叶；红茶滋味较强欠爽，汤色红暗，叶底较红亮；茶叶叶底薄而较硬，对夹叶较多者，为夏茶。

凡茶叶冲泡后香气不高，滋味平淡，叶底夹有铜绿色芽叶，叶张大小不一，对夹叶多者，为秋茶。

（三）高山茶与平地茶的识别

几乎所有的茶人都知道，高山出好茶。由于生态环境有别，高山茶与平地茶不仅茶叶形态不一，而且茶叶内质也不相同。相比而言，两者的品质特征有如下区别。

（1）高山茶新梢肥壮，色泽翠绿，茸毛多，节间长，鲜嫩度好。由此加工而成的茶叶，往往具有特殊的花香，而且香气高，滋味浓，耐冲泡，且条索肥硕、紧结，白毫显露。

（2）平地茶的新梢短小，叶底硬薄，叶张平展，叶色黄绿少光。由它加工而成的茶叶，香气稍低，滋味较淡，条索细瘦，身骨较轻。

（四）窨花茶与拌花茶的区别

花茶亦称"窨花茶""熏花茶"，用茶叶和香花进行拼合窨制，使茶叶具有花香。花茶既具茶叶的爽口浓醇之味，又具鲜花的纯清雅香之气。历史上，人们就有饮用花茶的传统。特别是古代的文人雅士，喜欢以花入茶，因此茶人对花茶就有"茶引花香，以益茶味"之说。

窨花茶与拌花茶的区分通常用感官审评的办法进行。审评时，只要用双手捧上一把茶，用力吸一下茶叶的气味，凡有浓郁花香者，为窨花茶；茶叶中虽有花干，但只有茶味而无花香者乃是拌花茶。倘若将茶叶用开水冲泡，只要一闻一饮，判断有无花香存在，便能作出判断。但也有少数假花茶，是通过将茉莉花香型的一类香精喷于茶叶表面，再放上一些窨制过的花干制作而成，这就增加了识别的困难。不过，这种花茶的香气只能维持1～2个月，之后就消失殆尽。即使在香气有效期内，凡有一定饮花茶习惯的人，一般也可凭对香气的感觉将其区别出来。

（五）新茶与陈茶的区别

陈茶，指的是前一年年甚至更长时间前采制加工而成的茶叶，即使保管严妥，茶性良好，也统称为陈茶。习惯上，将当年春季从茶树上采摘的头几批鲜叶、经加工而成的茶叶，称为新茶。在现实生活中，多数茶叶品种中新茶比陈茶好，但也有陈茶不亚于新茶，甚至反比新茶好的。于是产生了这样一个问题：如何鉴别新茶与陈茶？这可从以下几方面去识别。

（1）色泽：在茶叶贮存过程中，由于空气中氧气和光的作用，构成茶叶色泽的一些色素物质会缓慢地自动分解。如绿茶中的叶绿素分解，使其色泽由新茶时的青翠嫩绿逐渐变得枯灰黄绿。绿茶中含量较多的抗坏血酸（维生素C）氧化产生的茶褐素，会使茶汤变得黄褐不清。而对红茶品质影响较大的茶黄素的氧化、分解或聚合，还有茶多酚的自动氧化，会使红茶由新茶时的乌润变成灰褐。

（2）滋味：陈茶中酯类物质经氧化后产生了一种易挥发的醛类物质，或不溶于水的缩合物，使可溶于水的有效成分减少，从而使茶叶滋味由醇厚变得淡薄。此外，茶叶中氨基酸的氧化、脱氨和脱羧作用，会使茶叶的鲜爽味减弱而变得"滞钝"。

（3）香气：由于陈茶中香气物质的氧化、缩合和缓慢挥发，茶叶的清香会变得低浊。

二、茶叶的贮藏

好茶应具备色、香、味、形4个基本要素。选购到好的茶叶后，为防止茶叶吸收潮气和异味，减少光线和温度对茶叶的影响，避免茶叶挤压破碎，损坏茶叶美观的外形，就必须采取妥善的贮藏方法。

（一）茶叶贮藏基本要求

茶叶是疏松多孔的干燥物质，贮藏不当，很容易发生变质、变味和陈化等现象。造成茶叶变质、变味和陈化的因素主要有温度、湿度、水分、氧气和光线等。因此，储存茶叶时应该注意防潮、抗氧化、遮光、低温和阻气。

1. 防潮

茶叶中水的质量分数在3%左右时，茶叶的成分与水分子呈单层分子关系，可以有效地把脂质与氧气隔离开来，防止脂质的氧化变质。当茶叶中水的质量分数超过5%时，水分就会转变成溶剂，引起强烈的化学变化，加速茶叶的变质。因此储藏茶叶必须保持茶叶干燥，一般应要求水的质量分数在5%以内。

2. 抗氧化

茶叶包装中的氧必须控制在1%以下，氧气过多将会导致茶叶中的某些成分氧化变质。例如，抗坏血素容易氧化变成脱氧抗坏血酸，并进一步与氨基酸结合发生色素反应，使茶叶味道发生变化。因此，在茶叶储存中可采用真空包装法或充气包装法来减少氧气的存在。

3. 遮光

光线的照射可加速茶叶的化学反应，对储存茶叶极为不利。光能促进植物色素或脂质的氧化，特别是使叶绿素褪色，其中紫外线的影响最为显著。因此，日常储存茶叶时，必须遮光以防止叶绿素和其他成分发生光催化反应。

4. 低温

温度越高，茶叶品质变化越快，平均每升高10 ℃，茶叶的褐变速度将增加3～5倍。如果将茶叶储存在0 ℃以下的地方，就能很好地抑制茶叶的陈化和品质的损失。

5. 阻气

茶叶疏松多细孔，容易吸收异味，此外，茶叶香味也极易散失。因此，日常储存茶叶时最好将茶叶分隔成小包装，防止茶香的散发和外界异味的侵入。

（二）茶叶贮藏方法

1. 冰箱冷藏法

贮藏少量茶叶时，冰箱冷藏是最简便又经济的贮藏方法。一般家庭可在冰箱的冷藏柜柜中贮存1～1.5千克茶叶，如果是茶馆、茶楼，可以购买冷藏箱（柜）来贮藏。冷藏贮存时，先把茶叶用塑料袋密封好，将温度控制在0～5 ℃左右。

2. 塑料袋贮藏法

将茶叶装入塑料袋内，挤出袋内空气，扎紧袋口；然后再套入另一塑料袋中，扎紧袋口；最后放入干燥、无味、密闭的容器中。用塑料袋贮存还可以实行真空包装，将茶叶装入塑铝复合袋内，抽出袋内空气，充入氮气，利用氮气的惰性使茶叶在无氧条件下贮藏。此法效果甚佳，但需要使用专用的包装袋和专用设备。如贮存前确保茶叶干燥，将复合袋放入冰箱，使其处于低温（0～5℃）状态。这样可在一年内保持茶叶基本不变质。

3. 铁桶、瓦坛贮藏法

在杭州的西子湖畔，有许多茶农用铁桶、瓦坛收藏龙井，现品现卖，效果很好。这种收藏方法是利用生石灰的吸湿性，吸收茶叶中的多余水分，使茶叶保持充分干燥，从而延缓陈化。石灰要装入布袋内，茶叶用牛皮纸包扎，分别置于瓦坛的四周，中间放一包块状石灰，上面再放一包茶叶，然后密闭坛口。半个月后更换石灰，以后每隔两三个月换一次。

4. 金属罐装贮存法

采取此种贮存法时，可选用铁罐、不锈钢罐或质地密实的锡罐。如果是新买的罐子或原先存放过其他物品留有味道的罐子，可先将少许茶末置于罐内，盖上盖子，上下左右摇晃轻擦罐壁后倒弃，以去除异味。市面上有售两层盖子的不锈钢茶罐，简便而实用，如以清洁无味之塑料袋装茶并将其置入罐内盖上盖子，以胶带黏封盖口则更佳。装有茶叶的金属罐应置于阴凉处，不要放在阳光直射、有异味、潮湿、有热源的地方，如此，铁罐才不易生锈，亦可减缓茶叶陈化、劣变的速度。另锡罐材料致密，对防潮、防氧化、阻光、防异味有很好的效果。

以上介绍的各种茶叶贮存方法，应根据具体的贮存条件加以选择，特别是家庭贮存，可视茶叶保存量的多少而选择合适的方法。但要注意的是，茶叶必须分成小包储存，使用时只需取出一小包，饮用完毕后再取另一包。另外，为了避免经常开启茶叶罐，使茶叶变味，使用的茶叶罐宜小不宜大。

拓展链接

茶叶受潮了怎么办？

对于受潮的茶叶，很多人采用的最简单的方法就是日晒法，如把受潮茶叶放在阳光下曝晒。但阳光中的紫外线会破坏茶叶中的各种成分，影响茶叶的色、香、味、形，使茶叶失去原味而不好喝。

把受潮的茶叶放在干净的铁锅或烤箱中用微火低温烘烤，边烤边翻动茶叶，直至茶叶干燥发出香味。这种方法，既可去潮，又可恢复原来的茶香。在锅上垫一层草纸，用小火焙干受潮的茶叶，其味影响更小；或者可在炉台、小型锅炉顶盖铺上草纸，将受潮茶叶均匀摊在其上烘干，但应注意烟串或再受蒸气熏潮。

● 实训项目

茶叶贮存操作技艺

实训时间：实训授课 1 学时，共计 45 分钟，其中示范讲解 10 分钟，学员操作 25 分钟，考
核测试 10 分钟。

实训器具：不同茶叶、不同的贮茶用具。

实训方法：（1）示范讲解；（2）学员分成3人/组，在操作室进行操作练习。

操作项目	主要内容及标准
低温贮存	把茶叶用塑料袋密封好，将温度控制在0～5℃贮存
常温贮存	使用塑料袋、金属罐、瓦坛等贮存
无氧贮存	抽真空或者充氮贮存

● **实训考核**

茶叶贮存的技能评分表

组别：_____　　　　姓名：_____

考核内容	考核要点	分值	组内互评	组间互评	教师评价
低温贮存	茶叶密封、温度调控	4			
常温贮存	茶叶、储茶器的密封	4			
无氧贮存	抽真空的效果	2			
总　分					

课后练习

一、单选题

1. 鉴别真假茶，应了解茶叶的植物学特征，叶面侧脉伸展至离叶缘（　　　　）向上弯，连接上一条侧脉。

　　A. 1/4 处　　　　　　B. 2/4 处　　　　　　C. 1/3 处　　　　　　D. 2/3 处

2. 茶叶"干"是指茶叶中水的质量分数低于（　　　　），保鲜性能好。

　　A. 4%　　　　　　　B. 6%　　　　　　　C. 7%　　　　　　　D. 8%

3. 茶叶保存应注意水分的控制，当茶叶中水的质量分数（　　　　）时，就会加速茶叶的变质。

　　A. 超过 4%　　　　　　　　　　　B. 达到 5%

　　C. 不足 5%　　　　　　　　　　　D. 超过 5%

4. 密封、防潮、防氧化、防光、防异味是（　　　　）的优点。

　　A. 陶土茶具　　　　　　　　　　B. 漆器茶具

　　C. 玻璃茶具　　　　　　　　　　D. 金属茶具

5. 贮藏少量茶叶时，（　　　　）是最简便又经济的贮藏方法。

　　A. 铁桶贮藏　　　　　　　　　　B. 瓦坛贮藏

　　C. 金属罐装贮存　　　　　　　　D. 冰箱冷藏

二、判断题

1. 茶叶的保存应注意温度的控制，温度越高，茶叶品质的变化越快。　　　　（　　　）

2. 引发茶叶变质的主要因素是温度、水分、氧气和光照。　　　　　　　　（　　　）

3. 茶叶中水的质量分数要控制在 5% 以内。　　　　　　　　　　　　　　（　　　）

4. 对于受潮的茶叶可以晒干。　　　　　　　　　　　　　　　　　　　　（　　　）

5. 普洱茶需要放在冰箱里冷藏保存。　　　　　　　　　　　　　　　　　（　　　）

第四节　饮茶与健康

一、茶叶的内含成分

茶有许多益处，这是众所周知的。但饮茶为什么会有许多好处呢？一般人只知其然而不知其所以然。随着科学的发展，到了 19 世纪初，茶业的成分才逐渐得到明确。经过现代科学的分离和鉴定，茶叶含有 600 余种物质，其中有机物质 500 余种，约占总量的93% ～ 96%；无机化合物 100 余种，约占总量的 4% ～ 7%。

茶叶中的有机化学成分和无机矿物元素含有许多营养成分和药效成分。有机化学成分主要有茶多酚、生物碱、蛋白质、氨基酸、维生素、果胶素、有机酸、脂多糖、糖类、酶类、色素等。无机矿物元素主要有钾、钙、镁、钴、铁、锰、铝、钠、锌、铜、氮、磷、氟、碘、硒等。如图 3-24 所示。

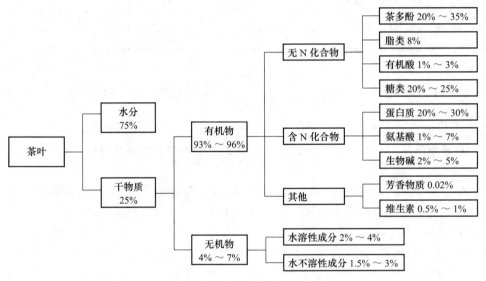

图 3-24　茶叶的成分构成

（一）蛋白质与氨基酸

茶叶中的蛋白质质量分数占干物质总量的 20% ～ 30%，能溶于水直接被利用的蛋白质质量分数仅占 1% ～ 2%。这部分水溶性蛋白质是形成茶汤滋味的成分之一。氨基酸是组成蛋白质的基本物质，其质量分数占干物质总量的 1% ～ 7%。茶叶中的氨基酸主要有茶氨酸、谷氨酸、天门冬氨酸、天门冬酸胺、精氨酸、丝氨酸、丙氨酸、组氨酸、苏氨酸、谷氨酰胺、苯丙氨酸、甘氨酸、缬氨酸、酪氨酸、亮氨酸和异亮氨酸等 25 种以上，其中茶氨酸质量分数约占氨基酸总量的 50% 以上。氨基酸，尤其是茶氨酸是形成茶叶香气和鲜爽度的重要成分，与绿茶香气关系极为密切。

（二）生物碱

茶叶中的生物碱包括咖啡碱、可可碱和腺嘌呤碱。其中以咖啡碱最多，约占 2% ～ 5%；其他含量甚微，所以茶叶中的生物碱含量常以咖啡碱的含量为代表。咖啡碱易溶于水，是形成茶叶滋味的重要成分。红茶汤中出现的"冷后浑"就是咖啡碱与茶叶中的多酚类物质生成的大分子络合物，是衡量红茶品质优劣的指标之一。咖啡碱可作为鉴别真假茶的特征之一。咖啡碱对人体有多种药理功效，如提神、利尿、促进血液循环、助消化等。

（三）茶多酚

茶多酚是茶叶中 30 多种多酚类物质的总称，包括儿茶素、黄酮类、花青素和酚酸等 4 大类物质。茶多酚的质量分数占干物质总量的 20% ～ 35%。而在茶多酚总量中，儿茶素约占 70%，它是决定茶叶色、香、味的重要成分，其氧化聚合产物为茶黄素、茶红素等，对红茶汤色的红艳度和滋味有决定性作用。黄酮类物质又称花黄素，是形成绿茶汤色的主要物质之一，其质量分数占干物质总量的 1% ～ 2%。花青素呈苦味，紫色芽中花青素含量较高，如花青素多，茶叶品质不好，会造成红茶发酵困难，影响汤色的红艳度；对绿茶品质更为不利，会造成滋味苦涩、叶底青绿；等等。茶叶中酚酸含量较低，包括没食子酸、茶没食子素、绿原酸、咖啡酸等。

（四）糖类

茶叶中的糖类包括单糖、双糖和多糖三类，其质量分数干物质总量的 20% ～ 25%。单糖和双糖又称可溶性糖，易溶于水，质量分数为 0.8% ～ 4%，是组成茶叶滋味的物质之一。茶叶中的多糖包括淀粉、纤维素、半纤维素和木质素等物质，其质量分数占茶叶干物质总量的 20% 以上，多糖不溶于水，是衡量茶叶老嫩度的重要成分。茶叶嫩度低，多糖含量高；嫩度高，多糖含量低。

茶叶中的果胶等物质是糖的代谢产物，其质量分数占干物质总量的 4% 左右，水溶性果胶是形成茶汤厚度和外形光泽度的主要成分之一。

（五）有机酸

茶叶中的有机酸种类较多，其质量分数为干物质总量的 1% ～ 3%。茶叶中的有机酸多为游离有机酸，如苹果酸、柠檬酸、琥珀酸、草酸等。在制茶过程中形成的有机酸，有棕榈酸、亚油酸、乙烯酸等。茶叶中的有机酸是香气的主要成分之一，现已发现茶叶香气成分中有机酸的种类达 25 种，有些有机酸本身虽无香气，但经氧化后转化为香气成分，如亚油酸等；有些有机酸是香气成分的良好吸附剂，如棕榈酸等。

（六）类脂类

茶叶中的类脂类物质包括脂肪、磷脂、甘油脂、糖脂和硫脂等，占干物质总量的 8% 左右，对形成茶叶香气有着积极作用。类脂类物质在茶树体的原生质中，对进入细胞的物质渗透起着调节作用。

（七）色素

茶叶中的色素包括脂溶性色素和水溶性色素两部分，其质量分数仅占茶叶干物质总量的 1% 左右。脂溶性色素不溶于水，有叶绿素、叶黄素、胡萝卜素等。水溶性色素有黄酮类物质、花青素及茶多酚氧化产物茶黄素、茶红素和茶褐素等。脂溶性色素是形成干茶色泽和叶底色泽的主要成分。尤其是绿茶、干茶色泽和叶底的黄绿色，主要取决于叶绿素的总含量与叶绿素 A 和叶绿素 B 的组成比例。叶绿素 A 是深绿色，叶绿素 B 呈黄绿色，幼嫩芽叶

中叶绿素 B 含量较高，所以干色多呈嫩黄或嫩绿色。在红茶加工的发酵过程中，叶绿素被大量破坏，产生黑褐色物质和茶多酚的氧化产物，茶叶中的蛋白质、果胶、糖等物质结合，使红茶干色呈褐红色或乌黑色，叶底呈红色。绿茶、红茶、黄茶、白茶、乌龙茶、黑茶六大茶类的色泽均与茶叶中色素的含量、组成、转化密切相关。

（八）芳香物质

茶叶中的芳香物质是指茶叶中挥发性物质的总称。在茶叶化学成分的总量中，芳香物质质量分数并不大，一般鲜叶中含 0.02%，绿茶中含 0.005% ~ 0.02%，红茶中含 0.01% ~ 0.03%。茶叶中的芳香物质虽不多，但其种类却很复杂。据分析，通常茶叶含有的香气成分化合物达 300 余种，鲜叶中香气成分化合物为 50 种左右；绿茶香气成分化合物达 100 种以上；红茶香气成分化合物达 300 种之多。组成茶叶芳香物质的主要成分有醇、酚、醛、酮、酸、酯、内酯类、含氮化合物、含硫化合物，碳氢化合物、氧化物等十多类。

鲜叶中的芳香物质以醇类化合物为主，低沸点的青叶醇具有强烈的青草气，高沸点的沉香醇、苯乙醇等具有清香、花香等特性。成品绿茶的芳香物质以醇类和吡嗪类香气成分为主，吡嗪类香气成分多在绿茶加工的烘炒过程中形成。红茶香气成分以醇类、醛类、酮类、酯类等香气化合物为主，它们多是在红茶加工过程中氧化而成的。

（九）维生素

茶叶中含有丰富的维生素类，其质量分数占干物质总量的 0.5% ~ 1%。维生素类分水溶性和脂溶性两类。脂溶性维生素有维生素 A、维生素 D、维生素 E 和维生素 K 等。维生素 A 含量较多。脂溶性维生素不溶于水，饮茶时不能被直接吸收利用。水溶性维生素有维生素 C、维生素 B_1、维生素 B_2、维生素 B_3、维生素 B_5、维生素 B_{11}、维生素 P 和肌醇等。维生素 C 含量最多，尤以高档名优绿茶含量为高，一般每 100 克高级绿茶中含量可达 250 毫克左右，最高的可达 500 毫克以上。可见，人们通过饮用绿茶可以吸取一定的营养成分。

（十）无机化合物

茶叶中无机化合物占干物质总量的 4% ~ 7%，分为水溶性和水不溶性两部分。这些经高温烘烤后的无机物质称之为"灰分"。灰分中能溶于水的部分称之为水溶性灰分，占总灰分的 50% ~ 60%。嫩度好的茶叶水溶性灰分较高，粗老茶、含梗多的茶叶总灰分含量高。灰分是出口茶叶质量检验的指标之一，一般要求总灰分质量分数不超过 6.5%。

二、饮茶的益处

众所周知，喝茶有益身心。茶叶中的茶多酚、咖啡碱、脂多糖、多种维生素等能够起到保健和药理作用。

（一）提高肌肉耐力

研究发现，茶叶中含有一种名为"儿茶素"的抗氧化剂，可以增加身体燃烧脂肪的能力，改善肌肉耐力，有助于对抗疲劳、增加体育锻炼的时间。常喝绿茶，效果最为显著。

（二）抵抗紫外线

茶多酚是水溶性物质，用茶水洗脸能清除面部油腻，收敛毛孔，具有消毒、灭菌、抗皮肤老化的作用，还有助于减少日光中紫外线对皮肤的损伤，是天然的"防晒霜"。

（三）保持身材

唐代《本草拾遗》中关于茶的论述就有"久食令人瘦"，现代科学研究证实了这一点。茶叶中的咖啡碱能促进胃液分泌，帮助消化，增强人体对脂肪的分解能力。国外研究也表明，定期饮茶可以缩减腰围，降低身体质量指数（BMI），从而有助于预防糖尿病和心脑血管疾病。

（四）抵御辐射

国外研究表明，茶多酚及其氧化物可以吸收一些放射性物质，保护细胞不受辐射伤害，对于修复受损细胞也有帮助。临床研究显示，茶叶提取物可治疗肿瘤患者在放射治疗过程中引起的轻度放射病，治疗辐射导致的血细胞减少，效果很好。

（五）改善记忆力

茶多酚有助于大脑进行局部调节，改善记忆力，提高学习效率。国外研究证实，喝茶可以预防和治疗神经系统疾病，尤其是老年认知障碍症。

（六）提高骨密度

虽然茶叶中含有咖啡因成分，会促进钙随排尿流失，但含量极低。即便是咖啡因含量颇高的红茶，每杯也只有 30 ～ 45 毫克。其实，茶叶中含量更多的是有助于减少钙流失的物质，包括氟元素、植物雌激素类物质和钾元素。研究发现，常喝茶的人骨密度较高，髋关节骨折概率更低。

（七）美容护肤，抗衰老

绿茶所含的抗氧化剂有助于抵抗老化。因为如果人体新陈代谢的过程及氧化，会产生大量自由基，容易老化，也会使细胞受伤。SOD（超氧化物歧化）是自由基清除剂，能有效清除过剩自由基，阻止自由基对人体的损伤。绿茶中的儿茶素能显著提高 SOD 的活性，清除自由基。绿茶所含有的茶多酚，能够起到清除面部多余油脂、收敛毛孔的作用。

（八）提神醒脑

茶叶中的咖啡碱能促使人体中枢神经兴奋，增强大脑皮层的兴奋度，起到提神、益思、清心的效果。所以建议大家在白天疲劳的时候喝绿茶提神。

（九）利尿解乏

茶叶中的咖啡碱可刺激肾脏，促使尿液迅速排出体外，提高肾脏的滤出率，减少有害物质在肾脏中滞留时间。咖啡碱还可排除尿液中的过量乳酸，有助于使人体尽快消除疲劳。

三、饮茶的禁忌

茶叶不仅有很好的口感，其所含的天然成分对身体更是大有益处。喝茶有益身体健康这个说法是建立在正确的饮茶习惯上的，喝不好，就会对身体造成一些伤害。那么，喝茶有哪些禁忌事项？

（一）忌空腹喝茶

空腹饮茶会冲淡胃酸，还会抑制胃液分泌，妨碍消化，甚至会引起心悸、头痛、胃部不适、眼花、心烦等"茶醉"现象，并影响对蛋白质的吸收，还会引起胃黏膜炎。若发生"茶醉"，可以口含糖果或喝一些糖水。

（二）忌睡前饮茶

睡前 2 小时内最好不要饮茶，饮茶会使人兴奋，影响睡眠，甚至会导致失眠，尤其是新采的绿茶，饮用后，神经极易兴奋，造成失眠。

（三）忌过度喝茶

有的人为了减肥，大量喝"生普"，结果指甲凹凸不平，嘴角发炎、还出现了贫血。因为茶的鞣酸和铁质结合，形成一种不溶性物质，阻碍了铁的吸收，因此，大量喝茶、喝浓茶，会让铁流失。

（四）忌喝隔夜茶

隔夜茶一定不要喝，因为茶水放置时间过长，容易滋生大量细菌，变成强刺激性、强氧化性物质，容易刺激肠胃，对身体有害。

（五）忌饭后立即饮茶

饭后立即饮茶，会冲淡胃液，影响食物消化。同时，茶中的单宁酸能使食物中的蛋白质变成不易消化的凝固物质，给胃增加负担，影响蛋白质的吸收。茶叶中含大量鞣酸，与食物中的铁元素结合，阻止肠道吸收铁，易引起人体缺铁，甚至诱发贫血症。鞣酸与蛋白质结合成具有收敛作用的鞣酸蛋白质，使肠蠕动减慢，从而延长粪便在肠道内滞留的时间，不但易造成便秘，而且还增加了有毒物质和致癌物质，所以进餐后不可立即饮茶，特别不要立即喝浓茶。正确的方法是，餐后一小时再喝茶。

（六）忌用茶水送药

茶叶中的鞣质、茶碱可以和某些药物发生化学变化，在服用催眠、镇静等药物和含铁补血药、酶制剂药、含蛋白质药物时，茶多酚易与铁剂发生作用而产生沉淀。因此不宜用茶水送药，以防影响药效。

有些中草药如麻黄、钩藤、黄连等也不宜与茶水混饮，一般认为，服药 2 小时内不宜饮茶。而服用某些维生素类的药物时，茶水对药效毫无影响，因为茶叶中的茶多酚可以促进维生素 C 在人体内的积累和吸收。同时，茶叶本身含有多种维生素，也有兴奋、利尿、降血脂、降血糖等功效，对增进药效、恢复健康也是有利的。另外，民间常认为服用参茸之类的补药时，也不宜喝茶。

（七）忌饮冷茶、烫茶

饮烫茶会对人的咽喉、食道、胃产生强烈刺激，直到引起病变。一般认为茶以热饮或温饮为好。茶汤的温度不宜超过 60 ℃，以 45 ～ 50 ℃为好，在此范围内，可以根据各人习惯加以调节。冷饮同样会对人的口腔、咽喉、肠胃造成影响。另外，饮冷茶，特别是饮 10 ℃以下的冷茶，对身体有滞寒、聚痰等不利影响。

四、茶与食物的搭配

喝茶时特别应该注意茶与食物搭配的合理性、健康性，吃什么食物喝什么茶。无论是依据传统经验中的食物相克道理，或是科学的营养学，茶叶中的复杂成分和不同的食物混合，都会引起不同的作用。因此，喝茶的人，对什么茶和什么食物相配会起有益的作用，哪些茶和哪些食物相配会起有害的作用，都应该要有所了解和认识，千万不能胡乱搭配。

一般而言，吃牛肉面时宜喝绿茶或包种茶。因为牛肉面含热量高，而且牛肉面大多是辣的，吃完后容易浑身发热、满头大汗，这时候喝比较清寒的绿茶或包种茶能起到调和与平衡的作用。

吃鸡鸭肉类时，喝乌龙茶比较能调和味道，鸡鸭肉和乌龙茶搭配的风味特别好。

至于吃鱼虾等含磷、钙丰富的海鲜食物时，最好不要喝茶，因为，茶叶中的草酸根容易和磷、钙形成草酸钙，累积下来不容易排出体外，时间一长将危害人体的健康。

（一）茶入菜肴

将茶入馔做成佳肴美食，并非一时心血来潮，中国自古以来就有"茶食"的说法。茶和中国菜肴优雅、和谐地搭配在一起，就是独具特色的茶料理。

茶叶入菜的方式一般有4种：将新鲜茶叶与菜肴一起烤制或炒制，是为茶菜；在茶汤里加入菜肴一起炖或焖，是为茶汤；将茶叶磨成粉撒入菜肴或制成点心，是为茶粉；用茶叶的香气熏制食品，是为茶熏。

从做菜的效果来看，不同的茶有不同的做法。红茶、绿茶、普洱茶、乌龙茶的效果相对好一些，如铁观音冲泡之后散发出浓郁的兰香，茶性清淡，适合泡出茶汤做饺子；而灼虾、蒸鱼适宜用绿茶汤；普洱茶适合做卤水汁；碧螺春捣碎后适合做羹汤，还有茶水蒸饭；等等。

以茶做菜很讲究手法，要做茶食先得熟悉每种茶的特性，若茶叶或茶汤用多了，菜会变苦涩；茶叶或茶汤用少了，又显不出茶香味。另外，葱、姜、蒜、五香此类重味佐料尽量少放，不要过分夸张，这才合乎茶的本性和健康的要求。

烹调方式不同，搭配的茶叶也有不同。从烹调效果来看，温性的乌龙茶与温性的鸡鸭肉配合，比如川菜樟茶鸭；牛肉是热性的，它的好搭档自然是同属热性的红茶。蔬菜中比较脆、爽的一部分梗类原料可以用于制作茶叶菜，选用的茶叶以香味充足的红茶为优，而且大多用来制作凉菜。但要注意，茶叶不宜与豆腐一起做成菜肴。

（二）茶与茶点的搭配

茶点的选择，既是技术，也是艺术，我们既要了解茶性，还需深刻领会食物性状。掌握一些原则，具体选择时就变得相对容易。

要点之一是性味相合。即食性要适应茶性，食味要与茶味相合。有行家总结了三句话，"甜配绿，酸配红，瓜子配乌龙"。记住这句话，就等于抓住了总纲。

要点之二是视觉相配。不同茶叶内在茶性、茶味迥别，需要与不同味感的食物搭配。不同茶叶外在茶形、茶色各异，需要不同形状的食物相伴，以此形成一种视觉上的和谐美。如龙井茶汁清澈轻盈，与水晶饺是佳配。

拓展链接

普洱茶为何被称为"美容茶"？

《本草纲目拾遗》中有普洱茶"味苦性刻，解油腻牛羊毒……刮肠通泄"的记载，其中就提到了普洱茶解油腻减肥的功效。

此外，中医还认为普洱茶同时具有清热、消暑、解毒、消食、去腻、利水、通便、祛痰、祛风解表、止咳生津、益气、延年益寿等功效。这些说法姑妄听之，毕竟把茶当药还是需要一些加工过程的。现代医学通过对普洱茶功效的研究也得出一些结论，即普洱茶有暖胃、减肥、降脂、预防动脉硬化、预防冠心病、降血压、抗衰老、抗癌、降血糖、抑菌消炎、减轻烟毒、减轻重金属毒、抗辐射、防龋齿、明目、助消化、抗毒、预防便秘、解酒等20多项功效，而其中暖胃、减肥、降脂、防止动脉硬化、防止冠心病、降血压、抗衰老、抗癌、降血糖的功效尤为突出。

● 实训项目

茶与茶点搭配的操作技艺

实训时间：实训授课1学时，共计45分钟，其中示范讲解10分钟，学员操作25分钟，考核测试10分钟。

实训器具：不同茶叶、不同的茶点。

实训方法：（1）示范讲解；（2）学员分成3人/组，在操作室进行操作练习。

操作项目	主要内容及标准
性味相合	食性要适应茶性，食味要与茶味相合
视觉相配	形状、颜色等要带来视觉上的和谐美

● 实训考核

茶与茶点搭配技能评分表

组别：_____　　　　　　　姓名：_____

考核内容	考核要点	分值	组内互评	组间互评	教师评价
性味相合	食性要适应茶性，	3			
	食味要与茶味相合	2			
视觉相配	颜色的美感	3			
	形状的和谐	2			
总　分					

▌ 课后练习

一、单选题

1. "茶醉"时可以通过（　　）、吃水果来缓解。

　　A．饮酒　　　　　　B．抽烟　　　　　　C．喝茶　　　　　　D．吃糖

2. （　　）患者饮浓茶，造成晚上失眠，是因为茶叶中的咖啡碱刺激中枢神经，使精神处于兴奋状态。

A. 胃病   B. 神经衰弱   C. 糖尿病   D. 冠心病

3. 科学饮茶的基本要求中，正确选择茶叶包括根据（   ）等方面进行选择。

     A. 季节、气候和包装   B. 季节、气候和体质

     C. 季节、气候和价格   D. 季节、气候和器具

4. 茶叶中的（   ）具有降血脂、降血糖、降血压的药理作用。

     A. 氨基酸   B. 咖啡碱   C. 茶多酚   D. 维生素

5. 茶叶中的（   ）是抗氧化剂，具有防衰老的作用。

     A. 维生素 A   B. 维生素 B   C. 维生素 H   D. 茶多酚

二、判断题

1. 世界三大无酒精饮料是茶、咖啡、可可。   （   ）

2. 咖啡碱的主要药理功能是兴奋、强心、利尿。   （   ）

3. 科学饮茶的基本要求是正确选择茶叶、采用正确的冲泡方法和正确地品饮。 （   ）

4. 神经衰弱者应多饮浓茶，不在临睡前饮茶。   （   ）

5. 抽烟、饮酒可以缓解"茶醉"。   （   ）

第四章
茶具知识

学习目标

1. 了解茶具的发展沿革及现代茶具的分类。
2. 熟悉壶的构造，学会鉴赏名家名壶。
3. 熟练掌握冲泡不同茶类与茶具的搭配技巧。

实训目标

1. 熟练掌握茶艺用具的名称及作用，引导客人欣赏茶具之美。
2. 掌握紫砂壶的选购技巧及保养知识。
3. 将所学的茶具搭配知识灵活地运用于茶艺实践中。

本章导读

古人云：器为茶之父。学习茶具知识是品读茶文化不可或缺的一部分，茶具的历史发展伴随着茶文化发展至今。现今我国茶具品种繁多，以质地划分，主要有陶土茶具、瓷器茶具、玻璃茶具、漆器茶具、金属茶具、竹木茶具等。质地精良、造型优美的茶具能提升品茗的乐趣，而不同的茶类只有搭配合适的茶具，茶香、茶味才能恰到好处。

第一节　茶具的发展沿革及分类

茶具，古代亦称茶器或茗器。它的产生和发展之路，经历了由粗趋精、由大趋小、由繁趋简、由古朴富丽趋向淡雅的过程。茶具的产生和发展与社会经济文化有关，更与时代习俗、审美观以及茶类变化、饮茶方法有关。茶具在一定程度上能反映时代精神，印刻着历史的烙印，还反映了当时的技艺水平。

一、茶具的发展概况

（一）汉代：茶具的萌芽阶段

在原始社会，人类生活简单朴素。《韩非子·五蠹》等篇，说到尧的生活是茅草屋、糙米饭、野菜根，饮食器是土缶，之后才发明使用黑陶等。可见，在茶具的萌芽阶段，茶具是一具多用，且与酒具、餐具共用。多以木制或陶制的碗，兼作为饮茶的器具。

有关茶具的记载最早出现在汉代，西汉王褒的《僮约》（图4-1）记载了"武阳买茶""烹茶尽具"，这里的"具"即指茶具，说明在烹茶之前要洗净各种茶具。这是中国茶具发展史上，最早谈及茶具的史料。

此后，晋代卢綝著有《晋四王遗事》，记述晋惠王遇难逃亡后返洛阳时，有侍从"持瓦盂承茶，夜暮上之，至尊饮以为佳"。文中所述"瓦盂"为食碗。晋朝杜育《荈赋》记载有"器泽陶简，出自东隅。酌之以匏，取式公刘"。其中的陶和舀水用的匏都是当时人们广泛使用的酒具和食具。

晋代之后，随着人们对茶叶功能认识的逐步加深，茶具也越来越考究和精美。

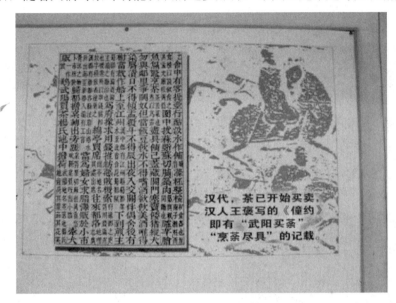

图 4-1　王褒的《僮约》

（二）唐代：茶具的确立阶段

到了唐代，饮茶之风盛行，茶叶消费增多，引发了各地瓷窑茶具生产的兴盛。唐代饮茶的陶瓷器具主要是瓷壶（亦称注子）和瓷碗。当时有三大著名瓷窑：一是浙江余姚的越窑，以烧制青瓷茶碗著名；二是湖南的长沙窑，以釉下彩绘的瓷壶盛名；三是河北的邢窑（内丘），以烧制白瓷茶碗取胜。而且唐代普遍采用"茶托子"，即盏托，说明瓷茶具开始配套，专用性更强。

茶圣陆羽亲自设计制作了一套从煎煮、点试到饮用、清洁、收藏一应俱全、内容丰富的茶具。他在《茶经·四之器》中，将煮茶和饮茶用具统称为茶器，分为8大类28种。

此外，唐时饮茶用具崇尚金属制品，故陆羽云："瓷与石皆雅器也，性非坚实，难可持久。用银为之，至洁，但涉于侈丽。雅则雅矣，洁亦洁矣，若用之恒，而卒归于铁也。"所以唐朝茶具如鍑皆用铁。在"金银为上"思想的影响下，唐皇室以金银茶具最为常见。陕西扶风法门寺地宫出土的器具中有成套的金银茶具，这些器具是唐咸通九年至十年（868—869年）"文思院造"，其中部分刻有"五哥"字样的器具为唐僖宗用物。由此可见，中国茶具文化的里程碑从唐代开始正式确立。

拓展链接

法门寺地宫出土的唐代宫廷茶具

　　咸通十五年（874年）正月初四，唐僖宗归安佛骨于法门寺，以数千件皇室奇珍异宝安放地宫以作供养。1981年8月24日，法门寺明代真身宝塔半壁坍塌，1987年4月3日发现唐代地宫，考古工作者进行科学发掘。在地宫后室的坛场中心供奉着一套以金银质为主的宫廷御用系列茶具。这套以唐代僖宗皇帝小名——"五哥"标记的系列茶具，引起全世界茶文化界的瞩目。

　　法门寺地宫珍宝中所列茶具包括：鎏金壶门座茶碾子、鎏金仙人驾鹤纹壶门座茶罗子、金银丝结条笼子、鸿雁球路纹银笼子、鎏金双丝纹菱弧形圈足银盒、鎏金双鸳团花银盆、鎏金伎乐纹调达子、摩羯纹蕾钮三足盐台、鎏金银龟盒、鎏金飞鸿纹银匙、系链银火筋、鎏金十字折枝花小银碟、葵口圈足密色瓷碗、琉璃茶盏。部分茶具如图4-2所示。

鎏金壶门座茶碾子（碾碎饼茶之用）

鎏金仙人驾鹤纹壶门座茶罗子（茶筛）

金银丝结条笼子（一种贮器）

鸿雁球路纹银笼子（烘烤饼茶用器）

鎏金伎乐纹调达子（饮茶用）

摩羯纹蕾钮三足盐台（放盐用）

鎏金银龟盒（放茶粉用）

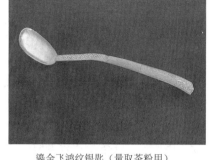

鎏金飞鸿纹银匙（量取茶粉用）

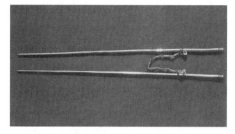

系链银火筋（夹木炭用）

鎏金十字折枝花小银碟（装茶点用）

葵口圈足秘色瓷碗（盛水或盛茶汤用）

琉璃茶盏

图 4-2　法门寺地宫出土的唐代宫廷茶具

（三）宋代：茶具的兴盛阶段

宋代斗茶风盛，对茶的汤色要求不同于唐代，要求"茶叶色泽贵白""宜黑盏"，而"建安所造者绀黑，纹如兔毫，其坯微厚，熁之久热难冷，最为要用"。所以在茶具形制上，改大碗为小盏。同时斗茶也要求茶壶"注汤利害，独瓶之口嘴而已"。由此，宋代茶壶有了较大变化。至南宋，茶壶壶式由过去的饱满状变得瘦长，壶体的纹饰由常见的莲瓣形变为瓜棱形。

北宋蔡襄在他的《茶录》中专门写了"论茶器"，说到当时茶器有茶焙、茶笼、砧椎、茶钤、茶碾、茶罗、茶盏、茶匙、汤瓶。宋徽宗的《大观茶论》列出的茶器有碾、罗、盏、筅、钵、瓶、杓等，这些茶具与蔡襄《茶录》中提及的大致相同。值得一提的是南宋审安老人的《茶具图赞》。审安老人真实姓名不详，他于宋咸淳五年（1269 年）集宋代点茶用具之大成，以传统的白描画法画了十二件茶具图形，称之为"十二先生"，并按宋时官制冠以职称，赐以名、字、号，足见当时上层社会对茶具钟爱之情。

元朝时景德镇以创烧青花瓷闻名,在白瓷上缀以青色纹饰,既典雅又丰富,和茶文化内涵的清丽恬静很一致,深受饮茶人士的推崇。

拓展链接

中国第一部茶具图谱——《茶具图赞》

南宋,审安老人(其真名不详)于咸淳五年(1269年)撰写《茶具图赞》时将饮茶品具改称为"茶具",沿用至今。它是我国历史上第一部茶具图谱。

《茶具图赞》用白描画法将盛行于宋代的十二件斗茶用具记录成图,称之为"十二先生",赐以名、字、号,并按宋时官制冠以衔职,赋予了茶具文化内涵,而赞语更反映出儒、道两家待人接物、为人处世之理,非常形象生动地反映出宋代社会对茶具的钟爱和对茶具功用、特点的评价。这十二件茶具具体如下(图4-3)。

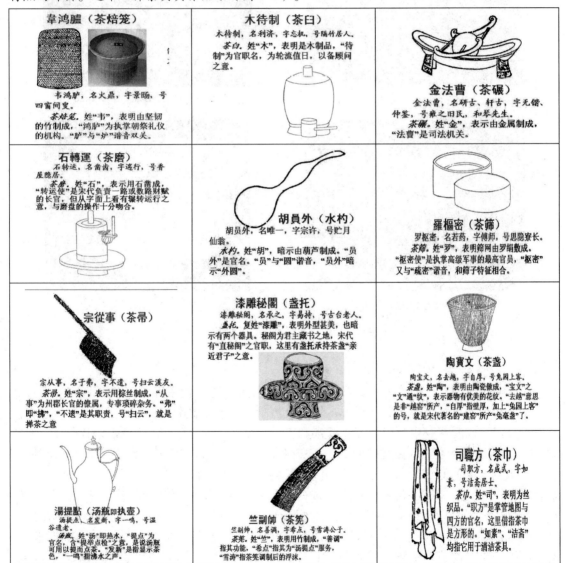

图4-3 《茶具图赞》中的十二件茶具图谱

（四）明代：茶具的改革阶段

明代朱元璋"罢造龙团，唯采芽茶以进"，于是散茶兴起，饮用以冲泡茶叶的方法为主流。这种返璞归真的茶风，使茶具的发展终于步入正轨，一些新的茶具品种脱颖而出。明代文震亨《长物志》曰："吾朝所尚又不同，其烹试之法，亦与前人异，然简便异常，天趣备悉，可谓尽茶之真味矣。至于洗茶、候汤、择器，皆各有法。"

明代用汤瓶烧水，"瓶要小者易候汤，又点茶注汤有准，瓷器为主"。在饮具上由于冲茶需要，小茶壶和白盏取代黑盏。明代许次纾《茶疏》记载："其在今日，纯白为佳，兼贵于小。"当时生产白瓷的汝、官、哥、宣和定窑都因为生产茶具而闻名，其中又以宣德所产的白釉小盏最为著名，因形似鸡心，又称鸡心杯。杯是一种古老的用具，但作为茶具还是在明代冯可宾《岕茶笺》中才提到。此外，明代江苏宜兴用五色陶土烧成紫砂陶，与瓷器争名，出现了供春和时大彬两位艺人。而瓷器在景德镇又有创新，成化时的斗彩，嘉万年的五彩、填彩，都驰名于世。景德镇所产的瓷器素有"白如玉，明如镜，薄如纸，声如磬"的美誉。

（五）清代：茶具的完备阶段

清代，六大茶类已形成，冲泡方式仍然沿用明代的直接冲泡法。因此，清代的茶盏、茶壶，多以陶或瓷制作，以康熙、雍正、乾隆时期最为繁荣，以"景瓷宜陶"最为出色。康熙年间，景瓷除以生产五彩瓷为主外，还创烧了珐琅、粉彩两种新的釉上彩。在康熙和雍正年间还创制了一种盖碗或盖盏。同时宜陶在清代有更大发展，清初的陈鸣远和嘉庆的陈曼生，其壶闻名于世。由于清代出现乌龙茶，又开创了一种新的饮茶方法。施鸿保《闽杂记》记载："漳泉各属，俗尚工夫茶，茶具精巧；壶有小如胡桃者，曰孟公壶，杯极小者，名若琛杯，茶以武夷小种为尚……饮必细啜久咀。"孟公壶又称孟臣壶，为工夫茶具之首。此外，自清代开始，福州的脱胎漆茶具、四川的竹编茶具、海南的生物（如椰子、贝壳等）茶具也开始出现，自成一格，逗人喜爱，终使清代茶具异彩纷呈，形成了这一时期茶具新的重要特色。

二、现代茶具的分类

中国地域广阔，各民族饮茶习俗不同，所用茶具也各有特色，按质地可分为陶土茶具、瓷器茶具、玻璃茶具、漆器茶具、金属茶具和竹木茶具等几大类；按其使用功能又可分为主泡器、辅泡器、备水器、储茶器等。

（一）按质地划分

1. 陶土茶具

陶土器具是新石器时代的重要发明。最初是粗糙的土陶，然后逐步演变为比较坚实的硬陶，再发展为表面敷釉的釉陶。宜兴古代制陶颇为发达，在商周时期，就出现了几何印纹硬陶。秦汉时期，已有釉陶的烧制。

陶器中的佼佼者首推宜兴紫砂茶具，它早在北宋初期就已经崛起，成为别树一帜的优秀茶具，明代大为流行。紫砂壶和一般陶器不同，其里外都不敷釉，采用当地的紫泥、红泥、团山泥抟制焙烧而成。由于成陶火温较高，烧结密致，胎质细腻，既不渗漏，又有肉眼看不见的气孔，经久使用，还能汲附茶汁，蕴蓄茶味；且传热不快，不致烫手；若热天盛茶，不易酸馊；即使冷热剧变，也不会破裂；如有必要，甚至还可直接放在炉灶上煨炖。明代文

震亨《长物志》记载："壶以砂者为上，盖既不夺香，又无熟汤气。"如图4-4所示。

2．瓷器茶具

瓷器茶具是用长石、高岭土、石英为原料烧制的饮茶器具。经原料配比、加工成型、干燥，以1300℃的高温烧制而成。瓷分为硬瓷和软瓷，前者如景德镇所产白瓷，后者如北方窑产的骨灰瓷。瓷器由我国发明，肇于商周，成熟于东汉，发展于唐代，创新于宋代，突破于元代，总结于明清，所以在英语中瓷器与中国同名"china"。瓷茶具主要可分为青瓷茶具、白瓷茶具、黑瓷茶具、彩瓷茶具。总的来说，瓷器茶具要求质地坚硬致密、表面光润。薄者可呈半透明状，敲击时声音清脆响亮；厚者古朴重实，敲击时声音洪亮，不吸收水分。其他要求类同紫砂茶具，如图4-5所示。

图4-4　侧把陶壶

图4-5　黑瓷茶具兔毫盏

3．玻璃茶具

用玻璃茶具泡茶时，茶汤的鲜艳色泽、茶叶的细嫩柔软、茶叶在整个冲泡过程中的上下穿动、叶片的逐渐舒展等，可以一览无余，是一种动态的艺术欣赏。特别是冲泡各类名茶，茶具晶莹剔透，杯中轻雾缥缈，澄清碧绿，芽叶朵朵，亭亭玉立，观之赏心悦目，别有风趣。玻璃茶具的缺点是容易破碎，导热快，较烫手，如图4-6所示。

4．金属茶具

金属用具是指由金、银、铜、铁、锡等金属材料制作而成的器具，它是我国最古老的日用器具之一。自秦汉至六朝，茶叶作为饮料已渐成风尚，茶具也逐渐从与其他饮具共享中分离出来。大约到南北朝时，我国出现了包括饮茶器皿在内的金属器具。到隋唐时，金属器具的制作达到高峰。后来随着茶类的创新、饮茶方法的改变以及陶瓷茶具的兴起，金属茶具逐渐消失，但用金属制成贮茶器具，如锡瓶、锡罐等，具有较好的防潮、避光性能，有利于散茶的保藏，如图4-7所示。

图4-6　玻璃茶具

图4-7　锡茶罐

5. 漆器茶具

漆器茶具始于清代，主要产于福建福州一带。福州生产的漆器茶具多姿多彩，有"宝砂闪光""金丝玛瑙""釉变金丝""仿古瓷""雕填""高雕"和"嵌白银"等品种。特别是创造了红如宝石的"赤金砂"和"暗花"等新工艺以后，漆器茶具更加鲜丽夺目，引人喜爱，如图 4-8 所示。

6. 竹木茶具

隋唐以前，我国饮茶方式多为粗放式饮茶。当时的饮茶器具，除陶瓷器外，民间多用竹木制作而成。陆羽在《茶经·四之器》中开列的 28 种茶具，多数是用竹木制作的。这种茶具制作方便，对茶无污染，对人体无害，自古至今，一直受到茶人的欢迎。但缺点是不能长时间使用，无法长久保存。

现代竹编茶具由内胎和外套组成，内胎多为陶瓷类饮茶器具，外套用精选慈竹，经劈、启、揉、匀等多道工序，制成粗细如发的柔软竹丝，经烤色、染色，再按茶具内胎形状、大小编织嵌合，使之成为整体如一的茶具。多数人购置竹编茶具，不在其用，而重在摆设和收藏。如图 4-9 所示。

图 4-8　漆器茶具

图 4-9　竹编茶具

7. 木鱼石茶具

木鱼石茶具是指用整块木鱼石制作而成的茶具，主要包括茶壶、酒壶、竹节杯、套筒杯、冷水杯、茶叶筒等。木鱼石中铀及稀土元素含量适中，故此茶具的防腐性和通透性好。用其泡茶，即便是在酷暑季节，5 天内茶水不会变质，仍可饮用，如图 4-10 所示。

图 4-10　木鱼石茶具

（二）按使用功能划分

在现代茶艺活动中，将茶具分成下列四大类，并分区使用，操作起来比较方便。

（1）主泡器：主要的泡茶用具，如壶、盅、杯、盘等。

（2）辅泡器：辅助泡茶的用具，如茶荷、茶巾、渣匙、茶拂等。

（3）备水器：提供泡茶用水器具，如煮水器、热水瓶等。

（4）储茶器：存放茶叶的罐子。

● 实训项目

认识台式乌龙茶茶艺用具

实训时间：实训授课 1 学时，共计 45 分钟，其中示范讲解 10 分钟，学员操作 25 分钟，考核测试 10 分钟。

实训器具：茶艺用具等。

实训方法：（1）示范讲解；（2）学员分成 3 人／组，在操作室进行操作练习。

操作步骤	主要内容及标准
茶礼	双手托盘（所需台式乌龙茶茶具置放在托盘上），鞠躬 45° 行茶礼，从座椅的左侧入座
布具	以右手席为例，茶桌中间区域摆放主泡器紫砂壶、公道杯、滤网（带滤网架）、品茗杯、闻香杯，右手边摆放水盂、随手泡，左手边摆放茶艺用品组、茶叶罐、茶荷
依次介绍茶具	介绍主泡器、辅泡器、备水器、储茶器等
收具	按顺序将茶具收纳在托盘中
谢礼	从座椅的左侧退出，双手托盘站立，行谢茶礼

● 实训考核

技能评分表

组别：＿＿＿＿＿＿＿＿＿＿　　姓名：＿＿＿＿＿＿＿＿＿＿

考核内容	考核要点	分值	组内互评	组间互评	教师评价
茶礼	个人仪表整洁、得体姿态优美	4			
操作步骤	按步骤进行	3			
操作规范	体现专业性	3			
总　分		10			

课后练习

一、单选题

1. 茶具的萌芽阶段在（　　　）。

　　A. 汉代　　　　　　B. 唐代　　　　　　C. 宋代　　　　　　D. 清代

2. 瓷茶具主要可分为：青瓷茶具、白瓷茶具、彩瓷茶具和（　　　）。

　　A. 粉瓷茶具　　　　B. 玲珑茶具　　　　C. 黑瓷茶具　　　　D. 玉瓷茶具

3. 元代茶具的代表是（　　　）茶具，在白瓷上缀以青色文饰，清丽恬静，既典雅又文静。

　　A. 紫砂陶　　　　　B. 青花瓷　　　　　C. 竹木　　　　　　D. 金属

4. 清代的茶盏、茶壶，通常多以陶或瓷制作，以康熙、雍正、乾隆时期最为繁荣，最为出色的是（　　　）。

    A. 景瓷宜陶   B. 彩釉茶具   C. 金属茶具   D. 竹木茶具

5. ( ) 瓷器素有"薄如纸，白如玉，明如镜，声如磬"的美誉。

    A. 福建德化   B. 湖南长沙   C. 浙江龙泉   D. 江西景德镇

二、判断题

1. 茶具，古代亦称茶器或茗器。   ( )

2. 锡罐具有较好的防潮、避光性能，但不利于散茶的保藏。   ( )

3. 瓷器茶具按色泽不同可分为白瓷、青瓷和玉瓷茶具等。   ( )

4. 孟公壶又称孟臣壶，为工夫茶具之首。   ( )

5. 竹木茶具的防腐和通透性好，用其泡茶在酷暑季节，五天内茶水仍可饮用不会变质。

                                                                   ( )

第二节　紫砂壶的认识

    紫砂壶是中国特有的优质茶具，具有"泡茶不走味，贮茶不变色，盛暑不易馊"的优点。随着茶文化的普及，紫砂壶得到上至帝王将相、下至普通百姓的喜爱。在发展过程中，紫砂壶制作艺术与中国传统的诗词、书法、篆刻、绘画等艺术逐渐融合，形成了独特的紫砂壶文化。

一、紫砂壶简介

（一）紫砂壶的起源

    紫砂茶具，由陶器发展而来，是一种新质陶器。明清时代的史籍中明确地说，紫砂陶器创始于明代弘治、正德年间。

    关于紫砂泥发现的民间传说，明代周高起写了第一本记载宜兴壶的著作《阳羡茗壶系》，书中记载了紫砂泥被发现的故事。"相传壶土所出，有异僧经行村落，日呼曰：'卖富贵土！'，人群嗤之。僧曰：'贵不欲买，买富何如？'因引村叟指山中产土之穴，及去发之，果备五色，灿若披锦。"这就是"始陶异僧"的传说。

    自从紫砂泥被发现后，紫砂陶的应用便越来越广泛，在明代出现了一位被周高起称为紫砂壶创始人的寺僧——金沙寺僧。

    金沙寺僧是宜兴湖滏九里山的金沙寺内一僧人，法名智静，常与寺周围缸瓮业主及陶工来往，熟谙制陶技艺，功课之余，制作容量颇大的圆形壶器，既不留款，也不钤印，仅以指纹为标识。附近工匠竞相仿效，一时流传。金沙寺僧被后人尊称为"紫砂工艺陶之始祖"。

（二）紫砂壶的泥料

    千姿百态的紫砂壶的原料主要包括紫泥、绿泥、红泥、段泥，统称紫砂泥（图4-11）。紫砂泥具有双球状的结构，极具透气性，水透过紫砂泥才有滋润效果，紫砂具有调和茶单宁酸的功效。宜兴紫砂泥的矿物组成，属于富含铁的黏土—石英—云母类型，符合宜兴紫砂陶严格的工艺要求。

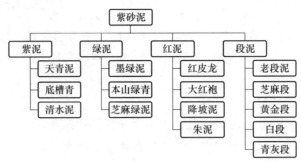

图4-11　紫砂泥分类

1. 紫泥

紫泥为较常见之典型紫砂泥，良者寡，而劣者多，呈紫棕色，产于江苏宜兴黄龙山，由矿脉所开挖出来的紫砂原矿提炼而成。矿脉里铁质成分较高，泥料内所含颗粒较大，结构疏松，器身明显成双气孔结构；空气对流顺畅，气孔对流较好。

（1）天青泥是在清代宜兴发现的一种特殊的紫泥，是紫泥中底槽泥的下层矿土，烧成品为浅灰色、淡米色或是呈偏青瓦蓝色，清朗而温润，高雅又沉稳。天青泥号称泥中极品，如今不多见。

（2）底槽青泥料块状中有青绿色的"鸡眼""猫眼"，色呈偏紫泛青，细而纯正，烧成的壶呈现红猪肝色，烧成颜色具体要看矿料的成分构成和烧成温度，是顾景舟大师最钟爱之名泥。由于产于紫砂最底层，质地特纯，泥质细腻、成色稳重，呈棕色，被近代制壶名家广泛使用。

（3）清水泥一般为紫褐色致密块状，有云母碎片，矿料上带淡绿色斑点、斑纹状，烧成后呈紫棕红色，高温呈紫黑、暗青色。

2. 绿泥

绿泥主产于宜兴丁蜀黄龙山，俗称"本山绿泥"。原矿呈淡绿色，烧成后或呈米黄色（温度低），或呈棕黄色（温度适宜），或呈青铜色（温度偏高）。本山绿泥属片状团泥，其原矿表面如同贝壳般细腻而光滑，几乎不含砂质。烧成后肌理丰富，色泽光润透亮，青中略有黄色，颗粒清晰。绿泥较为稀少，其细分有墨绿泥、本山绿泥、芝麻绿泥等。

3. 红泥

明代周高起《阳羡茗壶系》称红泥是"未触风日之石骨也，陶之乃变朱砂色"。这种矿石就是红泥矿，其矿物组成为高岭石、氧化铁、石英和白云母。

因含铁量多寡不等，红泥矿烧成后的色泽或红中略带黄，或黄中略带红，或红中略带紫，可呈朱砂、朱砂紫或海棠红等基色，朱红中透着橘黄，色艳而不妖。色彩的呈现与烧制温度紧密关联，使用越久越现沉稳气息。

（1）红皮龙原名野山红泥，矿料稀少，最近几年更是少之又少。一般分布在黄石层的下面，泥色红褐色，烧成后为红色。器身明显成双气孔结构，空气对流顺畅，有别于一般陶器；质朴拙雅，美冠群伦。

（2）大红袍紫砂壶产地比较著名的地方有丁山赵庄山、黄石黄岩心。大红袍泥料低张力，收缩比几乎达紫泥系的3倍，制作时泥性掌握不易，古代用于增添红泥艳润调色之用，为传说中最具神秘色彩之极品朱泥之一。烧成后质感绵密、紧实细致，持之扎实沉重、红润艳丽，泥中极品，无以伦比。

（3）降坡泥产于江苏宜兴黄龙山矿区二龙桥矿段，正位于"青龙山"与"黄龙山"之交界处。降坡矿砂与大矿层的紫泥相比较是相对稀少的。降坡泥炼制后出现老味十足、橙红中泛黄的烧成样貌，让人观之即生思古之幽情，经泡养后更是老味横生。

（4）朱泥因含砂量低、泥性娇，成型工艺难度亦高。由生坯烧成，收缩率高达 30%，支撑度差，一般成品率仅七成。故常用来制作小件器物和作为化妆土、作为紫泥坯件表层的装饰用。

4．段泥

段泥古称团泥，有人说黄龙山、青龙山之间有团山，产出泥料为团泥，也有人说团泥类矿烧成后多呈黄缎色，故称为段泥。细分的种类有：老段泥、黄金段、青灰段、芝麻段、白段。

（三）紫砂壶的结构

一把传统的紫砂壶，其完整结构组织包括壶身（壶体）、壶嘴、壶盖、壶把、底、壶足等。其中，壶身是主体，壶嘴、壶盖、壶把、壶底、壶足则是其附件。

1．壶钮

壶钮（图 4-12）亦称"的子"，为揭取壶盖而设置。钮虽小，但有"画龙点睛"的作用，变化丰富，是茗壶设计的关键部位。常见有球形钮、桥形钮、仿生钮 3 种。

球形钮　　　　　　　　　　桥形钮　　　　　　　　　　仿生钮

图 4-12　常见的壶钮类型

（1）球形钮：圆壶中最常用的钮，呈珠形、扁笠、柱形，往往取壶身缩小或倒置造型，简洁快捷。

（2）桥形钮：形似拱桥，有圆柱状、方条状、筋文如意状等。作环形设单环、双环，亦称"串盖"。平缓的盖面，环孔硕大的为牛鼻盖。

（3）仿生钮：花塑器常用的钮式，形象生动，造型精致，如南瓜柄、西瓜柄、葫芦旁附枝叶，造型生动活泼。

2．壶嘴

紫砂茗壶的嘴（图 4-13），喻为人的五官之一，它与壶体连接，有明显界限的称"明接"。无明显界限的称"暗接"。如汉扁壶把、壶嘴与壶身的肩线、侧线贯通，形成舒展流畅的造型特色。

（1）一弯嘴：形似鸟啄，俗称"一啄嘴"，一般为暗接处理。

（2）二弯嘴：嘴根部较大，出水流畅，明接和暗接处理均可。

（3）三弯嘴：源于铜锡壶造型，早期壶式使用较多，明接处理较常见。

（4）直嘴：形制简洁，出水流畅，明接和暗接处理都有。

壶体孔眼：明代多为独孔，清代中后期为多孔，有三孔、七孔、九孔等。20 世纪 70 年代出口日本的紫砂壶一度用球形孔，其孔要求排列整齐，与嘴对正，并依据嘴形而设置。

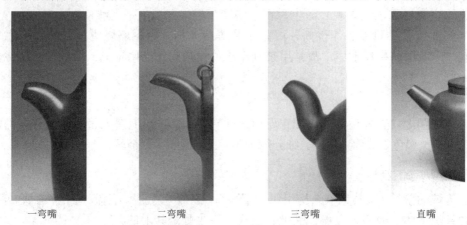

| 一弯嘴 | 二弯嘴 | 三弯嘴 | 直嘴 |

图 4-13　壶嘴

3. 壶把（柄）

壶把（柄）为便于握持而设置（图 4-14）。壶把置于壶肩至壶腹下端，与壶嘴位置对称、均势。具体可分端把、横把、提梁 3 大类。

| 端把 | 横把 | 提梁 |

图 4-14　壶把

（1）端把：亦称"圈把"，其使用方便，变化丰富。把、口、嘴三点呈水平对称。垂直形式安置，具有端庄、安定的效果。

（2）横把：源于砂锅之柄，以圆筒形壶居多。

（3）提梁：从铜器及其他器形演变而来的壶式，除提梁的大小与壶体协调外，其高度以手提时不碰到壶盖的钮为宜，有硬提梁、软提梁两种，光素器、花塑器都有，变化丰富。

4. 壶盖

紫砂壶具有里外都不施釉的特点，盖与壶体能一起烧制，以达到成品壶盖直紧、通转、仿尘、保温的要求和作用。主要形式有压盖、嵌盖、截盖三种，如图 4-15 所示。

（1）压盖：亦称"完盖"。壶盖覆压于壶口之上的样式，其边缘有方线和圆线两种，均与壶口相呼应。

（2）嵌盖：嵌盖是壶盖嵌于壶口内的样式，并与壶身融于一体。

（3）截盖：这是紫砂壶特有的一种壶盖形式，以壶整体截取一段作壶盖而得名。

压盖

嵌盖

截盖

图 4-15　壶盖

5. 壶底足

壶底足（图 4-16）也是造型的一个主要部分，底足的尺度和形式处理，直接影响造型的视觉美观。壶底大致可分为一捺底、加底（足圈）、钉足 3 种。粘接制作方式有明接、暗接两种。直方挺直造型的壶宜用明接，圆韵浑朴的造型宜用暗接处理。

（1）一捺底：指壶体自然结束，形成一个平面的器足类型。为了搁放平稳，壶的底部会向内凹进。一捺底多用于圆形紫砂壶。

（2）加底：指在紫砂壶的底部额外再加制一个圈底的器足类型。加底是为了使壶形更美观、更精致，多见于矮壶。

（3）钉足：指在紫砂壶底部加制钉形底的器足类型。钉足有三足钉和四足钉之分，适用于口小底大的壶，目的是使器形不呆板，趋向活泼，搁放平稳。

一捺底

加底

钉足

图 4-16　壶底足

（四）紫砂壶的造型

紫砂壶的造型，由其特殊的制作方法所决定。其型基本上非圆即方，这种"圆"和"方"经过变化、变形、装饰，大体呈现出花货、光货和筋囊货 3 种类别的造型，即所谓的"方非一式，圆不一相"的多姿多彩的世界。

1. 花货

花货亦称"塑器"，以雕塑技法为制器的主要手段，将生活中所见的各种自然形象和各种物象的形态透过艺术手法，设计成器皿造型。这种壶艺造型规则是"源于自然，而高于自然，造型不仅应具有适度性的艺术夸张，又应着意于风格潇洒"。其器形主要分为三类。

（1）仿植物之形为器，如梅段壶（图 4-17）、松段壶、竹段壶。

（2）仿瓜果之形为器，如藕形壶（图 4-18）、南瓜壶、佛手壶。

（3）仿动物之形为器，如鱼化龙壶（图 4-19）、青蛙壶、兽形壶。

图4-17 裴石民的梅段壶　　　　图4-18 蒋蓉的藕形壶　　　　图4-19 邵大亨的鱼化龙壶

2. 光货

光货又称几何体造型，经球形、筒形、立方形、长方形及其他几何形变化而来。"光货"讲究外轮廓线的组合，并用各种线作为装饰，壶体光洁，块面挺括，线条利落。其中又可分为圆器和方器两种。

（1）圆形器，紫砂圆器类，主要以球体、半球体、圆柱体为基本形，运用各种圆曲线、抛物线和曲线等组成，造型圆润、饱满。圆形壶中之"掇球壶"（图4-20），壶身以3个圆球体堆积构成，故名"掇球"。大圆为壶身，中圆为壶盖，小圆为壶钮。壶之全身，无处不圆，无处不浑，圆中寓节奏，圆中富变化，多样统一，浑然天成，为圆器壶类之典范佳作。

扁圆器中之"虚扁壶"（图4-21），壶身极扁，但扁而气昂，口、盖、嘴协调和谐，似天然生成于壶体。

图4-20 掇球壶　　　　　　　　　　图4-21 虚扁壶

（2）方形器，简称"方器"，为宜兴紫砂壶造型基本款式之一（图4-22）。以方形为基本型，运用各种长短直线设计而成。如四方、六方、八方和长方等。其中以四方最多，其次是六方、八方、长方。紫砂壶方器，讲求"以方为主，方中寓曲，曲直相济"。方器壶具，口、盖处理十分严格，无论任何方形，随意调动壶盖方向，均须与壶口严密吻合，丝丝合缝。传统的"四方壶""六方壶""八方壶"和"僧帽壶"（图4-23）等，都为方器造型的典型作品。

图4-22 四方壶　　　　　　　　　　图4-23 僧帽壶

3. 筋纹器

筋纹器是制壶工匠将自然界里的瓜棱、花瓣、云水纹等形态规范化，概括为"筋囊"，然后以"筋囊"为基础设计出的一类有实用功能的紫砂壶。紫砂筋纹壶器，在明清时制作已很精美，历史上的时大彬、李仲芳、陈鸣远、邵大亨等，都是制作筋纹器的高手，传统的"圆条壶"（图4-24）、"半菊壶"（图4-25）等，都是筋纹壶器类的上乘之作。

图 4-24　菊瓣圆条壶　　　　　　　图 4-25　半菊壶

紫砂壶这三类造型的形制，几乎包罗了自然界各类可创造的形体。这也是紫砂器形制特别丰富的重要原因。目前，有的紫砂壶兼有两种甚至三种形体造型，这种造型是在圆形、方形壶上再装饰上的形体，如掇球壶是自然形体与几何形体的结合；四方竹段壶既是筋纹形体又是几何形体与自然形体的造型；六方掇球壶乃是自然形体与几何形体和筋纹形体的结合。

二、紫砂壶的选购与保养

（一）紫砂壶的选购要诀

1. 看造型、外观

不论是什么造型的茶壶，都要注意壶嘴、壶把、壶身的均衡，拿上手分量匀称，没有前轻后重或者前重后轻这样的怪异手感。壶盖与壶口的间隙不能太大、太松，壶嘴、壶把、壶钮不应有歪斜，衔接处没有裂纹和残损。如果壶身上有刻字或装饰物，要自然美观，与壶身结合完美。

2. 看质地

一把好紫砂壶，应该是外观线条流畅，温润细腻，具有自然光泽，壶的内壁闻起来无任何刺鼻的异味和杂味。

3. 看功能

把紫砂壶放在水盆中，若壶漂浮在水面上不呈倾斜状，说明壶的重心良好。在壶中注满水，以手指按住壶嘴，然后将壶翻转，若壶的密闭性好，则壶盖不会掉下来，以手指按住壶盖上的气孔时，壶也倒不出水。松开手指，壶的出水要顺畅有力，水束凝聚不散，壶嘴没有滴沥。如果能将壶里的水倾倒得滴水不剩，说明壶的出水性能非常好。

符合以上几点，又符合自己的习惯和偏好，就是一把好的紫砂壶。

（二）新紫砂壶的处理方法

1. 传统处理方法

（1）将壶盖与壶身分开，放置在盛满水的干净的容器中，容器要足够大，水要没过整

个壶身。

（2）在容器中放入一些想用此壶来冲泡的茶叶，然后将容器放在小火上慢慢煮开，小心看护，防止壶身、壶盖与容器壁互相撞击而造成破损。

（3）用小火慢慢地煮一小时左右，然后移去火源，让壶仍静置在容器中，慢慢冷却，放置一天。

（4）次日，取出壶，倒去留在壶内的泥沙，用清水小心淋壶洗涤。重复上述步骤一次。

（5）完成上述步骤后取出壶，用热水小心淋壶洗涤。经过此番处理，壶中的气孔均已打开，可供使用。

2．简便的处理方法

（1）在壶中注入新烧开的水，静置 5 ～ 10 分钟，倒去壶中水。

（2）再次在壶中注入新烧开的水，放入 1 小勺将用此壶冲泡的茶叶，置 5 ～ 10 分钟，倒去壶中水。

（三）紫砂壶的日常保养

明代周高起说："壶，人用久，涤拭日加。自发暗然之光，入手可鉴。"这句话，实际上是用壶、养壶的根本之法。紫砂壶的日常保养应注意以下几点。

1．外养

（1）勤泡茶，勤擦拭。泡茶时，壶的温度较高，壶壁上的细孔会略微扩张，此时要用细纱布擦拭水汽，让茶油顺势吸附于壶壁之上。

（2）宜放于空气流通的地方，不宜放在闷热处。

（3）勿放于多油烟或多尘埃的地方。

（4）用完后把壶盖侧放，勿将壶盖密封。

2．内养

（1）内养的关键是一壶不事二茶。

（2）必须保持壶内干爽，勿积存湿气，应做到要泡茶时才冲水。

（3）切勿用洗洁精或任何化学物剂浸洗紫砂壶。

三、紫砂名壶与名家

（一）紫砂壶经典壶型

1．西施壶

西施壶（图 4-26）是紫砂壶器众多款式中最经典、最传统、最受人喜爱的壶型之一。西施壶壶身圆润，截盖，短嘴，倒把，憨态可掬，是紫砂壶爱好者必收的壶型。

2．仿古如意壶

仿古如意壶（图 4-27）的壶把和壶嘴线形流畅，壶盖有拱桥式衬托，尤其是壶身有特别的如意花纹，形成了一种特殊的风格。此壶形成于明朝，流传数百年，经典不朽，深受壶友喜爱。

3．石瓢壶

石瓢壶（图 4-28）是紫砂壶的传统经典造型。根据相关资料和实物佐证，其历史可追溯至清代乾隆、嘉庆年间。历代名家制作较多，但每人风格各异，其品种主要有高石瓢、矮石瓢、子冶石瓢。

图 4-26　西施壶　　　　　　图 4-27　仿古如意壶　　　　　　图 4-28　石瓢壶

4. 井栏壶

井栏壶（图 4-29）是紫砂工艺师按照井栏的轮廓制作而成的。井栏壶方中有圆、圆中有方，壶形简约美观、流畅大气。

5. 仿古壶

仿古壶（图 4-30）为前人制作，经过数百年后传承到今天，壶颈浑圆、敦实，与下压的壶肩形成缓冲之势；壶身较大、矮、扁、沉；壶口沿宽大，子母线严丝合缝，密不透气；壶盖扁、满，壶钮扁圆，备受紫砂壶爱好者的青睐。

6. 掇球壶

掇球壶（图 4-31）由大、中、小 3 个球体重叠而成，壶身为大球，壶盖为中球，壶钮为小球，似小球掇于大球上，故称掇球壶。3 个圆球按黄金分割比例巧妙布局安排，利用点线面的巧妙组合，达到形体合理、均衡、和谐、匀正，具有珠圆玉润的完美性。掇球壶是紫砂壶中最受欢迎的款式之一。

图 4-29　井栏壶　　　　　　图 4-30　仿古壶　　　　　　图 4-31　掇球壶

7. 报春壶

紫砂工艺师根据民间风俗"报春"制作出报春壶（图 4-32）。报春壶的壶盖、壶把和壶嘴以树木为原型，壶身为圆坛形，壶嘴像劲松一样向上傲立，代表春天的到来和大地复苏，树木伸开枝干迎接春天。报春壶从古至今都受到文人墨客的喜爱。

8. 龙旦壶

龙旦（龙蛋）壶（图 4-33）是紫砂壶众多款式中的一款经典壶型。此壶整个壶身与壶盖结合为椭圆体，最顶点有一小圆球衬托，壶把为传统形态。紫砂工艺师在制作时会在壶身刻绘，为其增添一种儒雅气质。龙旦壶为紫砂壶中一款造型极其简约的传统壶型，显示出光器紫砂壶的美观，一直深受紫砂壶爱好者的青睐。

图 4-32　报春壶

图 4-33　龙旦壶

9. 秦权壶

秦权壶（图 4-34）为紫砂壶中一种经典的壶型，秦权壶乃秤砣式形制，短颈，环耳形把手，嵌盖微鼓，钮似桥顶，整体简练、古朴、大方。

晚清书法家梅调鼎曾在"秦权壶"上题刻行楷铭文："载船春茗桃源卖，自有人家带秤来。"即桃源卖茶，买家带秤，带的是一把秤砣形的紫砂壶，既买又赏。此壶铭，不仅文辞高雅，而且既切壶又切茶，提升了秦权壶的魅力。

10. 竹段壶

竹段壶（图 4-35）利用色泥和塑形，营造出竹子高风亮节的精神气质。此壶的创造是艺术思想和精神的完美结合，寓意玩壶之人的品位和格调如同竹子一样被人称赞。

图 4-34　秦权壶

图 4-35　竹段壶

（二）历代紫砂工艺大师及其作品

通常而言，宜兴紫砂壶始于明代正德年间（即 16 世纪初），之后历代名家辈出，茶壶造型千变万化，创新形制层出不穷，有顺天地万物之自然形态而成者，也有凭创思巧心独运而成者。

1. 明代大师简介

明代是紫砂壶兴起的年代，当时所用的制壶方法、制壶工具及壶式一直沿用至今。这一时期的紫砂壶是后世紫砂壶制作的标杆。自明代供春制成"供春壶"后，先后出现了号称"四大名家"的制壶大师董翰、赵梁、时朋、元畅，以及"三大妙手"的时大彬、李仲芳、徐友泉。

（1）紫砂壶之父——供春。又称龚春，明代正德年间人。原为宜兴进士吴颐山的家僮，吴读书于金沙寺中，供春利用侍候主人的空隙时间，仿老僧制壶，制成树瘿壶，寺僧叹服，后以制紫砂壶为业，世称"供春壶"，款式多种不一，受当时爱陶人们的称颂："宜兴妙手数供春""供春之壶，胜如金玉"。现藏中国历史博物馆的树瘿壶（图 4-36），是他所制，造型古朴，指螺纹隐现，把内及壶身有篆书"供春"二字，此壶原为吴大澄所藏，于 20 世纪 30 年代被储南强先生在苏州一个古玩摊上购得，但缺盖，后由裴石民配壶盖。中国人民共和国成立后，献给国家收藏。

（2）董翰。号后溪，是最早创制菱花式壶的名艺人，以文巧著称，他所制的赵梁壶如图 4-37 所示。

（3）时朋。明代宜兴制陶名艺人，江苏宜兴人，时大彬之父，擅制宜兴砂壶，以典雅古拙见长，其作品如图 4-38 所示。

图 4-36　供春树瘿壶

图 4-37　董翰作品赵梁壶

图 4-38　三足圈钮壶

（4）时大彬。壶艺名家时朋之子。他对紫砂的泥色、形制、技法和铭刻，都有较高的造诣，可以说是一位比较全面的紫砂技艺专家，因此人们一直把他同供春相提并论，称誉说"宜兴妙手数供春，后辈还推时大彬""千奇万状信手出，巧夺坡诗百态新"。他曾创制有菱花八角、梅花、六角、提梁、汉铎、僧帽、扁壶和柿形等数十种紫砂壶的款式，但传世者极少，赝品也很多。图 4-39 为僧帽壶。

（5）李仲芳。生于明朝万历年间。制壶名手李养心之子，时大彬的高足，因家传并师承名家等原因，造诣很深，所制作品，文巧精工，技艺俱佳，世传"大彬壶"都由李仲芳所作，但由时大彬署款式。当时有"李大瓶、时大名"之说。其作品如图 4-40 所示。

（6）徐友泉：名士衡，生于明万历年间。徐友泉自小拜时大彬为师，在泥色品种的丰富多彩方面有杰出的贡献。擅作仿古铜器壶，手工精细，壶盖与壶口能够密不透风。其作品如图 4-41 所示。

图 4-39　僧帽壶

图 4-40　觚棱壶

图 4-41　葵花方壶

2. 清代大师简介

清代，紫砂茗壶的制作品种增多，造型丰富多彩，有仿古形、花果形、几何形，壶式繁多，泥料配色也更丰富，朱泥、紫泥仍为主体，还有白泥、乌泥、黄泥、梨皮泥、松花泥等多种色泽。制壶技艺、装饰手法都有新的创造和发明。这一时期的艺人，有在雕塑及款式方面取得独特成就的陈鸣远，有善仿古式并以竹刀代笔镌刻壶铭书画的陈曼生，有以精巧取胜的杨彭年、杨凤年兄妹，有以浑朴见长的邵大亨、黄玉麟诸名家。他们毕智穷工，技艺辉煌，传世作品

都美妙绝伦。这些名家巧匠的艺术品，在清代已极为珍贵，所以寸柄之壶，盈握之杯，往往珍同拱璧，贵为珠玉。

（1）陈鸣远。宜兴人，字鸣远，号鹤峰，又号石霞山人、壶隐，清康熙年间宜兴紫砂名艺人，是几百年来壶艺和精品成就很高的名手。他出生于紫砂世家，所制茶具、雅玩达数十种，无不精美绝伦，他还开创了壶体镌刻诗铭之风，署款以刻铭和印章并用，款式健雅，有盛唐风格，作品名扬中外，当时有"海外竞求鸣远碟"之说，为紫砂陶艺发展史建立了卓越功勋。他仿制的爵、觚、鼎等古彝器，工艺精，品位高，古趣盎然。他所制茗壶造型多种多样，特别善于自然型紫砂壶的制作，作品有瓜形壶、莲子壶、束柴三友壶、松段壶、梅干壶、蚕桑壶（图 4-42）等，均极具自然生趣，把自然型壶在明人的基础上，进一步推向艺术化的高度。这些壶式不仅是他的杰出创造，而且成为砂壶工艺上的历史性造型，为后来的制壶家们广泛沿用。

（2）杨彭年。字二泉，清乾隆至嘉庆年间宜兴紫砂名艺人。他善制茗壶，浑朴雅致，首创捏嘴不用模子和掇暗嘴之工艺，虽随意制成，亦有天然之致。他又善铭刻、工隶书，追求金石味。他还与当时名人雅士陈鸿寿（曼生）、瞿应绍（子冶）、朱坚（石梅）、邓奎（符生）、郭麟（祥伯、频伽）等合作镌刻书画，技艺成熟，至善尽美。世称"彭年壶""彭年曼生壶""彭年石瓢壶"，声名极盛，对后世影响颇大。如图 4-43 所示。

图 4-42　蚕桑壶

图 4-43　杨彭年紫砂作品

（3）陈曼生。字子恭，号曼寿、曼公等。他结识了杨彭年、杨宝年、杨凤年三兄妹，与紫砂结下不解之缘。他以文人的审美标准，把绘画的空灵、书法的飘洒、金石的质朴，有机地融入了紫砂壶艺，设计出一大批造型简洁、古朴风雅的壶型。这种由陈曼生设计，杨氏兄妹成型，再由陈曼生及其诸友题字刻铭的壶，后世称之为"曼生壶"，如图 4-44 所示。

（4）惠孟臣。时大彬后的一代高手。明崇祯到清康熙年间人，所制大壶浑朴，小壶精巧，后世仿制者甚多，落款以竹刀划款，盖内有"永林"篆书，小印者为最精，有高身梨形鼓腹壶等传世，如图 4-45 所示。

图 4-44　半瓢壶

图 4-45　高身梨形鼓腹壶

3. 现代大师简介

从 20 世纪 50 年代到 90 年代，紫砂壶的造型艺术和装饰工艺踏进了历史发展空前繁荣的时期。古老的紫砂工艺呈现满园春色、万紫千红的景象。过去，紫砂壶的造型只有龙蛋壶、洋桶壶等自古流传下来的式样。而今，壶艺家们在继承传统的基础上，不仅使失传几十年的优秀作品逐步恢复，而且还创造了一千多种新产品。几何形壶（包括圆器、方器）、自然形壶（又称花货）、筋纹器壶及小型壶、水平壶等四种类型都有出产，色泽包括红泥、紫砂、梨皮泥等十多种，纹饰运用了浅浮雕、印花、贴花、镌刻及金银丝镶嵌等新工艺。

现代紫砂壶艺术以顾景舟、朱可心和蒋蓉为代表。

（1）顾景舟。亦名顾景洲，于 1915 年生于江苏宜兴川埠乡上袁村，可以说是历代紫砂陶艺名家中，名号最多的一位。他本名景洲，后改名为景舟，名号有曼晞、瘦萍、武陵逸人、荆南山樵及壶叟等，曾自创堂号为自怡轩。他在壶艺上的成就极高，技巧精湛，且取材甚广，可说是近代陶艺家中最有成就的一位，所享的声誉可媲美明代的时大彬。世称"一代宗师""壶艺泰斗"。图 4-46 为其创作的藏六抽角壶。

（2）朱可心。生于陶都宜兴蜀山，15 岁时拜紫砂艺人汪升义为师。他于 1932 年创作紫砂名作"云龙鼎"，参加美国芝加哥博览会时荣获特级优奖；另一名作"竹节鼎"在上海豫园展出时，被宋庆龄收藏，现藏上海宋庆龄故居。20 世纪 70 年代，朱可心为周恩来总理出访日本制造了"可心梨式壶"，赠予日本首相田中角荣，并且设计"常青壶""彩碟壶"，该壶现藏于江苏宜兴陶瓷博物馆。其作品多洋溢时代气息，壶艺风格浑厚淳朴，法度合宜，善于从自然及生活中汲取创作灵感和素材，如图 4-47 所示。

图 4-46 藏六抽角壶

图 4-47 报春壶

（3）蒋蓉。别号林凤，江苏省宜兴市川埠洛林人，当代著名女工艺师。1995 年她被授予"中国工艺美术大师"称号。蒋蓉 11 岁随父亲蒋鸿泉学艺，1940 年她由伯父蒋鸿高带至上海制作仿古紫砂器，曾为虞家花园设计制作花盆，1947 年回乡。1955 年她参加宜兴蜀山陶业生产合作社，创作荷花壶、牡丹壶等，为周恩来总理出国访问赶制象真果品 20 套。其创作大多以自然界瓜果、动植物为题材，表现手法以仿生为主，作品形象生动、色彩绚丽，形成了独特的紫砂艺术风格，如图 4-48 所示。

（4）徐汉棠。生于紫砂陶艺世家，自幼开始学艺，20 世纪 50 年代初拜顾景舟为师，得其真传，功力深厚，技艺精湛且独具匠心，其作品形、神、韵兼备，"井栏壶"即为其代表作之一，如图 4-49 所示。

图 4-48　老南瓜壶

图 4-49　四季花卉纹壶

拓展链接

我国著名博物馆所藏顶级紫砂壶珍品

1. 中国宜兴紫砂博物馆

中国宜兴紫砂博物馆所藏紫砂壶珍品如图 4-50 和图 4-51 所示。

图 4-50　顾景舟提璧

图 4-51　杨凤年风卷葵

2. 四海壶具博物馆

大亨掇只壶，壶身长近一尺，高过六寸，容量约 2 500 毫升。壶色浑厚深沉，莹润如玉，造型古朴端庄、气度不凡，充分体现了邵大亨精妙绝伦的壶艺技术，为紫砂壶中的《兰亭序》。现在收藏于上海的四海壶具博物馆，为镇馆之宝，如图 4-52 所示。

3. 南京博物院

大彬提梁壶，是明代制壶大家时大彬所创制的，壶盖口外刻楷书"大彬"，一侧钤阳文篆体"天香阁"方印，所以又称天香阁提梁。"天香阁"款识经查为明代名士吴中秀的室名，此壶早期应为吴中秀所用，如图 4-53 所示。

图 4-52　邵大亨掇只（千金壶王）

图 4-53　时大彬天香阁提梁壶

司马迁的《史记》、郦道元的《水经注》和刘伯温的文章都写到过，有个汉代人召平，秦始皇时封为东陵侯。他品格很高，甘于安贫乐道。秦朝灭亡后，当个布衣，在长安东门外种瓜，那瓜很是甜美，人们就叫它为东陵瓜。陈鸣远仰慕召平的节操，以香瓜形状制壶，刻"仿得东陵式，盛来雪乳香"壶铭，见其心迹，如图4-54所示。

4. 天津艺术博物馆

图4-55为天鸡壶，盖面饰阴阳鱼，周围饰五朵凸起的祥云。肩一侧与口之间设鸡首形流，对侧饰兽首衔环为把。口颈部饰云雷纹与莲瓣纹，肩部饰一圈绳纹。腹刻铭"柏叶随铭至，椒花逐颂来。庚子山句，廉让书，仿古，壬午重九前二日"，表明此壶作于清康熙四十一年（1702年）农历九月初七，是陈鸣远仿古酒器而作。

图4-54　陈鸣远东陵瓜壶

图4-55　陈鸣远天鸡壶

5. 上海博物馆

以五棱六瓣分割半圆壶身，筋骨分明，棱线清晰，以细泥堆塑理出。形象生动的棱线，节序有致的瓜瓣，神似肥硕的杨桃对剖，如图4-56所示。

6. 苏州博物馆

壶身饰八片宽体莲瓣，鼓腹下部渐收敛。荷叶卷合为流，一颗大莲子为钮，周围饰六颗莲子，均能活动，一藕节形银配为提梁。壶身一莲瓣上刻有"资尔清德，烦暑咸涤，君子友之，以永朝夕"铭文，如图4-57所示。

图4-56　陈鸣远弯棱形壶

图4-57　陈鸣远莲形银配壶

● 实训项目

紫砂壶的鉴别操作

实训时间： 实训授课1学时，共计45分钟，其中示范讲解10分钟，学员操作20分钟，考

核测试15分钟。

实训器具：各式紫砂壶。

实训方法：（1）示范讲解；（2）学员分成3人/组，在操作室进行操作练习。

操作项目	主要内容及标准
壶的外形鉴别	准确表述壶体、壶嘴、壶盖、壶把、壶底、壶足的构成特点
壶的泥质鉴别	判断紫砂壶使用的泥料，是否具有"色不艳、质不腻"的显著特性
实用性能鉴别	考察壶的容量，壶嘴出水的顺畅，壶把执握的舒适
语言描述壶之美	不同壶形呈现的壶之美是不一样的，比如描述西施壶壶身圆润、截盖、短嘴、倒把、憨态可掬

● **实训考核**

技能评分表

组别：_____ 姓名：_____

考核内容	考核要点	分值	组内互评	组间互评	教师评价
语言表述能力	对紫砂壶的描述用语流畅、准确	4			
运用能力	按要点选择一把迓手的紫砂壶	3			
审美能力	判断紫砂壶的装饰取材、制作手法，体会壶的艺术性	3			
总 分		10			

课后练习

一、单选题

1. 紫砂壶的鼻祖是（ ）。

　　A. 董翰　　　　　B. 供春　　　　　C. 时大彬　　　　　D. 陈鸣远

2. 明代的董翰、赵梁、时朋、元畅号称制壶"（ ）"。

　　A. 四专家　　　　B. 四名家　　　　C. 四妙手　　　　　D. 四大家

3. 现代紫砂壶艺术以顾景舟、朱可心和（ ）为代表。

　　A. 蒋蓉　　　　　B. 陈曼生　　　　C. 杨彭年　　　　　D. 陈鸣远

4. 被周高起称为紫砂壶创始人的明代寺僧是（ ）。

　　A. 惠山寺僧　　　B. 虎丘寺僧　　　C. 道明寺僧　　　　D. 金沙寺僧

5. 特别善于自然型类紫砂壶如瓜形壶、莲子壶、束柴三友壶、松段壶制作的清代大师是（ ）。

　　A. 陈鸿寿　　　　B. 杨彭年　　　　C. 陈鸣远　　　　　D. 瞿应绍

二、判断题

1. 紫砂壶内沾满茶垢，表示茶壶用得很久，所以不必清理。　　　　　　（ 　　）

2. 被周高起称为紫砂壶创始人的是明代的惠山寺僧。　　　　　　　　　（ 　　）

3. 紫砂壶的造型有花货、光货和筋囊货三种类别。　　　　　　　　　　（ 　　）

4. 紫砂壶内养的关键是一壶不事二茶。　　　　　　　　　　　　　　　（ 　　）

5. 惠孟臣是紫砂壶中提梁壶的鼻祖。　　　　　　　　　　　　　　　　（ 　　）

第三节　泡茶用具的选配

根据不同的茶叶特点，选择不同质地的器具；根据不同的饮茶习俗选择不同的茶具；另外根据不同场合、不同条件、不同目的的茶饮过程，茶具的选配要求也不尽相同。在选用茶具时，主要考虑三个方面：一是要有实用性，因人、因时、因地制宜；二是要有欣赏价值，确认组合主体后再配选辅具；三是有利于茶性的发挥，充分凸显主泡茶类的品质特征。

一、茶具选配的基本原则

（一）根据不同的茶叶特点，选择不同质地的器具

古往今来，大凡讲究品茗情趣的人，都以"壶添品茗情趣，茶增壶艺价值"为泡茶准则，注重对泡茶用具的选配。

1. 茶具随着饮茶方式的变迁而发展

唐代以饮用饼茶为主，采用烹煮法，茶汤呈淡红色，因此陆羽认为"青则益茶"，以青色的越瓷茶具为上品；宋代饮茶为点注法，茶汤以色白为美，讲究"盏色贵黑青"，认为建安黑釉茶盏才能充分反映出茶汤的色泽；明代为散茶瀹（yuè）饮法，茶汤色泽出现了黄绿色、黄白色、红色、金黄色、橙黄色等，因此茶具色泽也以白色为时尚。在壶的选用上并不过分注重色泽，而是更为注重壶的雅趣，强调以小为贵。清代以后，茶具品种增多，形状多变，再加上茶类的多样化，人们对茶具的种类、色泽、质地、式样、大小等都提出了新的具体要求。

2. 品饮不同的茶叶种类应选用不同的茶具

密度高的器具如高密度瓷或银器，可用于冲泡各种名优绿茶、花茶、红茶及白毫乌龙等清淡风格的茶；低密度的陶器可冲泡如铁观音、水仙、普洱等香气低沉的茶叶。

3. 根据不同的茶叶特点应选用不同特点的茶具

我国民间有"老茶壶泡，嫩茶杯冲"的说法。如饮用大宗红茶、绿茶，注重茶的韵味，可选用有盖的壶、杯或碗冲泡；品饮细嫩的名优绿茶，应选用玻璃杯或白色的瓷杯冲泡；品饮乌龙茶，宜选用紫砂茶具冲泡；饮用红碎茶或工夫红茶，可选用瓷壶或紫砂壶冲泡，然后将茶汤倒入白瓷杯中饮用；品饮花茶，为防止茶香的散失，可选用壶或有盖的杯冲泡。

（二）根据不同的饮茶习俗选择不同的茶具

中国地域辽阔，各地的饮茶习俗不同，故对茶具的要求也不一样。长江以北一带，大多喜爱选用有盖瓷杯冲泡花茶，以保持花香，或者用大瓷壶泡茶，然后将茶汤倾入茶杯饮用。在长江三角洲江浙沪和华北京津等地，人们爱好品细嫩名优茶，既要闻其香、啜其味，还要观其色、赏其形，因此，特别喜欢用玻璃杯或白瓷杯泡茶。江浙一带的许多地区，饮茶注重茶叶的滋味和香气，因此也喜欢选用紫砂茶具泡茶，或用有盖瓷杯沏茶。福建及广东潮州、汕头一带，习惯用小杯啜乌龙茶，故选用"烹茶四宝"——潮汕炉、玉书碨、孟臣罐、若琛瓯泡茶，以鉴赏茶的韵味。四川人饮茶特别钟情盖碗茶，喝茶时，左手托茶托，不会烫手，右手拿茶碗盖，用来拨去浮在汤面的茶叶。我国边疆少数民族地区，至今多习惯用碗喝茶，古风犹存。

（三）不同人群对茶具的选择有所区别

不同的人用不同的茶具，这在很大程度上反映了人们的喜好特征。年龄不一、性别不同，对茶具的要求也不一样。如老年人讲求茶的韵味，要求茶叶香高味浓，多用茶壶泡茶；年轻人以茶会友，要求茶叶香清味醇，多用茶杯沏茶。男人习惯用较大素净的壶或杯斟茶；女人爱用小巧精致的壶或杯冲茶。脑力劳动者崇尚雅致的壶或杯细品慢啜；体力劳动者常选用大杯或大碗，大口急饮。

（四）不同季节对茶具的选配有所区别

泡茶用具的组合选配要根据季节变换予以关注。季节的不一，主要表现在节气的温湿度差异上。从实用的角度看，夏季气温高，泡茶用具的组合选配应考虑能使茶汤较快地降温，保持茶汤的色泽，以便饮用，采用薄胎器具为宜；而冬季正好相反，要求茶汤保温，则宜采用厚胎器具。春季和秋季，气温宜人，着重于与环境、茶类等方面的配合。

二、茶具选配的基本方法

（一）特别配置

这种配置讲究精美、齐全、品位高，一般用于茶艺表演。根据茶艺节目创意选配一个组合，茶具件数多、分工细，使用时一般不使用替代物件，求完备不求简捷，求高雅绝不粗俗，甚至件件器物都承载着一段历史。

（二）全配

这种配置以齐全、满足各种茶的泡饮需要为目标，只是在器件的精美程度、质地、艺术性等要求上较"特别配置"低一些。

（三）常配

常配是一种中等配置原则，以满足日常一般需求为目标。如一个方便倒茶弃水的茶池，配一大一小两把茶壶，方便依客人人数的多少换用，再配以杯盏、茶叶罐、茶则、茶海即可。在多数饮茶家庭及办公接待场所均可使用。

（四）简配

简配有两种，一种是日常生活需求的茶具简配，一种为方便旅行携带的简配。家用、个人用简配一般在"常配"基础上，省去"茶海""茶池"，杯盏也简略一些，不求与不同茶品的个性对应，只求方便使用而已。

拓展链接

金砖国礼：众星捧月，茶与建盏

金砖国家领导人第九次会晤于2017年9月3日至5日在福建厦门举行，以"深化金砖伙伴关系，开辟更加光明未来"为主题。中国茶，作为会议的重要待客礼品，礼敬八方宾客，为金砖盛会增韵添香，以其优雅备受称赞。作为几千年来源远流长的中华文化传统，以茶为国礼展现了对客人的友好真诚，以茶相赠，既有绿色健康祝福之意，也传递给世界"以和为贵"的中国精神。

在这次金砖会晤中，一份具有福建文化特色的茶礼作为国礼赠送给各国首脑，礼盒由福州漆艺、建窑建盏、福建名茶三个传统文化元素组成。礼盒以五罐茶环绕一个精美的油滴茶碗呈"众星拱月"造型（图4-58），象征金砖五国合作精神。"众星拱月"出自《论语·为政》"为政以德，譬如北辰，居其所而众星共之"，象征"和平、开放、包容、合作、共赢"的美好愿景与主题。

图4-58　金砖会议国礼

1. 福州漆艺

福州是漆艺的故乡，福州的脱胎漆器与北京景泰蓝、江西景德镇瓷器并誉为中国工艺品"三宝"。此次礼盒是由福州大漆涂制而成，颜色分别为红、橙、绿、蓝、黄。世界各国领导人借此一睹福州漆艺的精湛和纯熟，领略中国手工艺的魅力。

2. 建窑建盏

作为国礼的油滴茶碗有15件，件件都是极品，其中送给普京的是一个直径13厘米的油滴釉茶碗，是福建建阳原矿、原产地，经过42道工序，用135℃高温高压烧制三天三夜而成。该油滴茶碗是由我国建窑建盏烧制技艺的国家级非遗传承人孙建兴纯手工制作而成的，建盏是汉族传统名瓷，为宋朝皇室御用茶具。因产地为宋代建宁府瓯宁县，又因瓯宁县为建安附属县，故此称为建盏。

3. 福建名茶

被装于五个大漆茶叶罐中的茶分别是武夷山大红袍、正山小种、安溪铁观音、福鼎白茶、茉莉花茶。小小一片茶叶凝聚着中国人的文化之魂，中国作为世界茶之祖，以茶为媒让外国领导人通过茶来感受中国。

● 实训项目

茶具的选配

实训时间：实训授课1学时，共计45分钟，其中示范讲解10分钟，学员操作20分钟，考核测试15分钟。

实训器具：各式紫砂壶。

实训方法：（1）示范讲解；（2）学员分成3人/组，在操作室茶桌上进行分工、协作练习。

操作项目	主要内容及标准
根据茶叶选配茶具	根据客人所点茶类的茶性特点及来宾特点、季节、习俗不同对茶具进行选配
所选茶具的实用性	茶具各要素之间搭配合理，比如：白瓷与玻璃器皿的搭配；陶与紫砂的搭配，茶具的全配或简配的选择等
所选茶具的观赏性	充分体现茶具之美，比如瓷的细腻美、陶的粗犷美、玻璃器皿的灵透美等

 茶艺实训教程◎

● 实训考核

技能评分表

组别：_____ 姓名：_____

考核内容	考核要点	分值	组内互评	组间互评	教师评价
茶叶与茶具搭配	合理、体现茶性	4			
茶具各要素组合	实用、协调	3			
茶具布具	有序、方便操作	3			
总　分		10			

课后练习

一、单选题

1. 冲泡细嫩绿茶最好选用（　　）进行冲泡。

    A. 紫砂壶　　　　　B. 盖碗　　　　　C. 玻璃杯　　　　　D. 瓷壶

2. 四川人饮茶特别钟情于（　　）。

    A. 盖碗茶　　　　　B. 大碗茶　　　　　C. 工夫茶　　　　　D. 调饮茶

3. 茶具简配有两种，一种是日常生活需求的茶具简配，一种为（　　）的简配。

    A. 彰显精致、高品位　　　　　　　B. 茶艺馆服务

    C. 茶艺表演　　　　　　　　　　　D. 方便旅行携带

4. 长江以北一带，大多喜爱选用（　　）冲泡花茶。

    A. 有盖瓷杯　　　　B. 紫砂壶　　　　C. 小银壶　　　　D. 小铜壶

5. 茶具选配中，主要考虑的原则不包括（　　）。

    A. 实用性　　　　　　　　　　　　B. 茶具的价格

    C. 有欣赏价值　　　　　　　　　　D. 有利于茶性的发挥

二、判断题

1. 我国民间有"老茶壶泡，嫩茶杯冲"的说法。　　　　　　　　　（　　　）

2. 在任何场合都应对茶具进行特别配置，以示对茶的敬意。　　　（　　　）

3. 从实用的角度看，夏季泡茶用具的组合选配应采用厚胎器具为宜。（　　　）

4. 潮州、汕头一带的"烹茶四宝"指潮汕炉、玉书碨、孟臣罐、若琛瓯。（　　　）

5. 讲究精美、齐全、高品位的茶具配置，一般用于茶艺表演。　　（　　　）

第五章 泡茶用水

学习目标

1. 了解古人烹茶用水的知识。
2. 知晓当代泡茶用水的具体要求。

实训目标

掌握各类泡茶用水对茶汤滋味的影响，不断提高泡茶技艺。

本章导读

水为茶之母，精茗蕴香，借水而发，古人对此非常讲究。现代科学证明，泡茶用水有软水和硬水之分，我们选择泡茶用水时，应尽量使用软水，从而有利于茶叶有效物质的浸出。

第一节　古人评水论泉

一、古人鉴水

明代张大复在《梅花草堂笔谈》中谈道："茶性必发于水，八分之茶，遇十分之水，茶亦十分矣，八分之水，试十分之茶，茶只八分耳。"可见水质能直接影响茶汤品质。宋徽宗《大观茶论》说："水以清、轻、甘、洁为美。"后人又强调"冽"，称为"清、活、轻、甘、冽"五字法。

古人对泡茶用水的选择，归纳起来，有如下要点。

（一）清

清，指水质需"清"，要求无色透明，无沉淀物。唐代陆羽的《茶经·四之器》中所列的漉水囊，就是滤水用具，使煎茶之水清净。宋代"斗茶"，强调茶汤以"白"取胜，更注重"山泉之清者"。《煮泉小品》云："移水取石子置之瓶中，虽养其味，亦可澄水，令之不淆。"白石可以给人带来"清"的视觉效果和心理感受，白石与清泉相得益彰。

（二）活

活，指水品贵"活"。北宋苏东坡《汲江煎茶》有云："活水还须活火烹，自临钓石取深清。

大瓢贮月归春瓮，小杓分江入夜瓶。"苏东坡深知茶非活水则不能发挥其固有品质。明代顾元庆《茶谱》记载："山水乳泉漫流者为上。"明代田艺蘅也说："泉不活者，食之有害。"凡此等等，都说明试茶水品要以"活"为贵。

（三）轻

轻，指水品应"轻"。清代乾隆皇帝一生爱茶，是一位品泉评茶的行家。从塞北到江南，他在杭州品龙井茶，上峨眉尝蒙顶茶，赴武夷啜岩茶。据清代陆以湉《冷庐杂识》记载，乾隆每次出巡，常喜欢带一只精制银斗，用以精量各地泉水，按水的密度从小到大，排出优次，定北京玉泉山水为"天下第一泉"，以其为宫廷御用水。清代梁章钜也在《归田锁记》中指出，只有身入山中，方能真正品尝到"清香甘活"的泉水。

（四）甘

甘，指水味要"甘"，水一入口，舌与两颊之间会产生甜滋滋的感觉，凡水泉甘者能助茶味。北宋蔡襄《茶录》记载："水泉不甘，能损茶味。"明代田艺蘅在《煮泉小品》中说"味美者曰甘泉，气芬者曰香泉"。明代罗廪在《茶解》中主张"梅雨如膏，万物赖以滋养，其味独甘，梅后便不堪饮"。

（五）冽

冽，指水性应"冽"，古人认为寒冷的水，尤其是冰水、雪水，滋味最佳。唐代白居易《晚起》诗中有"融雪煎香茗"之句。宋人丁谓《煎茶》诗中记载他得到建安（今福建建瓯）名茶，舍不得随便饮用，"痛惜藏书箧，坚留待雪天"。

二、古人论泉

（一）刘伯刍鉴水

据唐代张又新《煎茶水记》记载，最早提出鉴水试茶的是唐代的刘伯刍，他"亲揖而比之"，提出宜茶水品七等，开列如下：扬子江南零水第一，无锡惠山寺石水第二，苏州虎丘寺石水第三，丹阳县观音寺水第四，扬州大明寺水第五，吴松江水第六，淮水最下，第七。

（二）陆羽鉴水

陆羽根据自己的亲身实践，把天下宜茶水品，评品次第如下：庐山康王谷水帘水第一；无锡县惠山寺石泉水第二；蕲州兰溪石下水第三；峡州扇子山下有石突然，泄水独清冷，状如龟形，俗云蛤蟆口水第四；苏州虎丘寺石泉水第五；庐山招贤寺下方桥潭水第六；扬子江南零水第七；洪州西山西东瀑布水第八；唐州柏岩县淮水源第九；庐州龙池山岭水第十；丹阳县观音寺水第十一；扬州大明寺水第十二；汉江金州上游中零水第十三；归州玉虚洞下香溪水第十四；商州武关西洛水第十五；吴松江水第十六；天台山西南峰千丈瀑布水第十七；郴州圆泉水第十八；桐庐严陵滩水第十九；雪水第二十。

三、中国名泉

我国泉水资源极为丰富，其中比较有名的就有百余处。江苏镇江中泠泉、浙江杭州虎跑泉、杭州龙井泉、江苏无锡惠山泉以及山东济南趵突泉被誉为"中国五大名泉"。

（一）江苏镇江中泠泉

中泠泉（图5-1）位于江苏省镇江金山以西的石弹山下，又名中零泉、中濡泉、中泠水、南零水。唐代张又新的《煎茶水记》记载，刘伯刍把宜茶之水分为七等，"扬子江南零水第一"中的扬子江南零水指的就是中泠泉，泉水清香甘洌，涌水沸腾，景色壮观。唯要取中泠泉水，实为困难，需驾轻舟渡江而上。南宋文天祥品尝了镇江中泠泉泉水煎泡的茶后，写诗一首：扬子江心第一泉，南金来此铸文渊。男儿斩却楼兰首，闲品《茶经》拜羽仙。

图5-1　江苏镇江中泠泉

（二）浙江杭州虎跑泉

虎跑泉（图5-2），在浙江杭州市西南大慈山白鹤峰下慧禅寺（俗称虎跑寺）侧院内，距市区约5千米。相传唐代有个叫寰中的高僧住在这里，后因水源缺乏准备迁出。一夜，高僧梦见一神仙告诉他：南岳童子泉，当遣二虎移来。第二天，果真有二虎"跑地作穴"，涌出泉水，故名"虎跑"。虎跑泉水从石英沙岩中渗过流出，清澈见底，甘洌醇厚，纯净无菌，饮后对人体有保健作用，被誉为"天下第三泉"。

图5-2　浙江杭州虎跑泉

（三）浙江杭州龙井泉

龙井泉（图 5-3），在浙江杭州市西湖西面风篁岭上，为一裸露型岩溶泉。本名龙泓，又名龙湫，是以泉名井，又以井名村。龙井村是享誉世界的西湖龙井茶的五大产地之一。清朝乾隆皇帝下江南去杭州时不止一次到龙井烹茗品泉，并写了《坐龙井上烹茶偶成》咏茶诗。

图 5-3　浙江杭州龙井泉

（四）江苏无锡惠山泉

惠山泉又称陆子泉（图 5-4），相传经中国唐代陆羽品题而得名，位于江苏省无锡市西郊惠山山麓锡惠公园内。由于惠山泉水源于若冰洞，细流透过岩层裂缝，呈伏流汇集，遂成为泉。因此，泉水质轻而味甘，深受茶人赞许。唐代天宝进士皇甫冉称此水来自太空仙境；唐代元和进士李绅说此泉是"人间灵液，清鉴肌骨，漱开神虑，茶得此水，尽皆芳味"。

图 5-4　江苏无锡惠山泉

（五）山东济南趵突泉

趵突泉（图 5-5）位于济南趵突泉公园，居济南"七十二名泉"之首，世界泉水景观之冠，被誉为"天下第一泉"。趵突泉水从地下石灰岩溶洞中涌出,水清澈见底,水质清醇甘冽,含菌量极低。相传乾隆皇帝下江南,出京时带的是北京玉泉水,到济南品尝了趵突泉水后,便立即改带趵突泉水,并封趵突泉为"天下第一泉"。

图 5-5　济南趵突泉

拓展链接

"陆羽鉴水"的故事

唐代张又新《煎茶水记》中记载,唐代宗时,李季卿任湖州刺史。一次,李季卿到维扬(今之扬州),恰与陆羽相逢。李季卿一向倾慕陆羽,见了面很高兴,便说:"陆君善于品茶,天下闻名,这里的扬子江南零水又特别好,二妙相遇,千载难逢,今日就请陆君用南零水来烹茶。"

李手下军士提桶驾船,到江中去取南零水。趁军士取水的工夫,李季卿让人将各种品茶器具一一放置妥当,等水一到,即可开始烹茶。不一会,军士取水送到。陆羽走上前去,用杓将桶里的水一扬,看过之后,回头对李说:"这水倒是扬子江水,但不是南零段的,好像是临岸之水。"军士说:"我乘船深入南零,有许多人看见的,不敢虚报。"

陆羽一言不发,提起水桶,倒去一半水,又用水杓往桶里一划拉,仔细看后,说:"这才是南零水。"

军士大惊,急忙认罪说:"我自南零取水回来,到岸边时由于船身晃荡,把水晃出了半桶,害怕不够用,便用岸边之水加满,不想处士之鉴如此神明。"

李季卿与来宾数十人见之大惊,对陆羽鉴水之技如此神奇赞叹不已。随后众人又向陆羽讨教各种水的优劣,并用笔一一认真记下。

● 实训项目

鉴　水

实训时间:实训授课 1 学时,共计 45 分钟,其中示范讲解 10 分钟,学员操作 25 分钟,考核测试 10 分钟。

实训器具： 茶盘 1 个、盖碗 1 个、公道杯 1 个、品茗杯（带杯垫）4 个、茶叶罐 1 个、茶荷 1 个、煮水器 1 个、茶道组合 1 套、茶巾 1 条、水盂 1 个、茶滤 1 个。每组自带山泉水，名优绿茶适量。

实训方法：（1）示范讲解；（2）学员分成 3 人/组，在操作室进行操作练习。

操作项目	主要内容及标准
茶礼	双手托盘（所需茶具置放在托盘上），鞠躬 45°行茶礼，从座椅的左侧入座
布具	双手做好亮相姿势，并按要求摆放好茶具
赏茶	在冲泡前应先闻干茶香，欣赏干茶的条索美
煮水	将山泉水煮至 80℃
温具	用沸水温润盖碗、公道杯和品茗杯
泡茶	按盖碗泡茶程序进行绿茶冲泡
斟茶	将茶汤先倒入公道杯，然后再用公道杯斟茶
奉茶	双手将茶杯呈递到客人面前，放于适当位置，请客人品茶，同时伸出右手作"请"手势
品茶	目品：观茶汤色泽清冽亮、汤色略带黄绿色；鼻品：香气馥郁；口品：滋味鲜爽
收具谢客	把泡茶用具依次收入茶盘，撤回
谢礼	从座椅的左侧退出，双手托盘站立，行谢茶礼

● 实训考核

技能评分表

组别：_____ 姓名：_____

考核内容	考核要点	分值	组内互评	组间互评	教师评价
煮水前：水质清	观察水质的透亮、无杂质	1			
煮水前：水味甘	入口甜度	1			
煮水前：水性冽	寒凉之感	1			
煮沸后：茶汤评审	准确用词描述山泉水泡茶的茶汤质量	7			
总　分		10			

▐▓▓ 课后练习 ▓▓▶

一、单选题

1. 水一入口，舌与两颊之间会产生甜滋滋的感觉，指的是水味呈现（　　）的特点。
    A. 活　　　　　　　　B. 甘　　　　　　　　C. 清　　　　　　　　D. 冽
2. 最早提出鉴水试茶的是（　　）。
    A. 张又新　　　　　　B. 陆羽　　　　　　　C. 刘伯刍　　　　　　D. 温庭筠
3. 以下不是我国五大名泉的是（　　）。
    A. 济南趵突泉　　　　　　　　　　　　B. 江苏镇江中冷泉
    C. 杭州龙井泉　　　　　　　　　　　　D. 扬州平山堂大明寺泉

4. 江苏镇江中冷泉又称（　　）。
　　A. 南零水　　　　B. 惠山水　　　　C. 北零水　　　　D. 大明寺水
5. 趵突泉位于（　　）。
　　A. 浙江　　　　　B. 云南　　　　　C. 济南　　　　　D. 北京

二、判断题
1. 据唐代张又新《煎茶水记》记载，最早提出鉴水试茶的是唐代的刘伯刍。
（　　）
2. 北宋苏东坡《汲江煎茶》诗中的"活水还须活火烹，自临钓石取深清"，指的是水品应"轻"。（　　）
3. 陆羽把天下宜茶水品，评品次第，认为第一的是庐山康王谷水帘水。（　　）
4. 被誉为"天下第三泉"的是惠山泉。（　　）
5. 趵突泉位居济南"七十二名泉"之首，是世界泉水景观之冠。（　　）

第二节　当代泡茶用水

一、当代泡茶用水

（一）泡茶用水分类

泡茶用水可分为三大类：天水、地水、再加工水。

1. 天水类

天水包括雨水、雪水、霜、露水、冰雹等。

现代研究认为雨水中含有大量的负离子，有"空气中的维生素"之美称。饮用雨水应取"和风顺雨，明云甘雨。皆灵雨也"。雨水四季皆可用，但因季节不同而有高下之别，春雨和风甘雨，亦可沏茶；夏天雷雨阵阵，飞沙走石，水味"走样"，水质不净，泡茶茶汤易浑浊，不宜饮用；秋天天高气爽，空气中的微生物和灰尘少，水味"清冽"，泡茶滋味爽口回甘，是雨水中的上品；梅雨季节天气沉闷，阴雨绵绵，水味"甘滑"，较为逊色。

雪水和天落水古人称之为"天泉"，尤其是雪水，更为古人所推崇。唐代白居易的"扫雪煎香茗"，宋代辛弃疾的"细写茶经煮茶雪"，元代谢宗可的"夜扫寒英煮绿尘"，清代曹雪芹的"扫将新雪及时烹"，都是描写的用雪水沏茶。但现代空气污染严重，雨水多为酸雨，雪水中亦含有诸多杂质，两者皆不宜于泡茶。

2. 地水类

地水包括泉水、溪水、江水、河水、湖水、池水、井水等。陆羽在《茶经》中提出："其水，用山水上，江水中，井水下。"山泉水最宜泡茶，这不仅因为多数泉水都符合"清、活、轻、甘、冽"的标准，宜于烹茶，更主要的是泉水无论出自名山幽谷，还是平原城郊，都以其汩汩涓涓的风姿和淙淙潺潺的声响引人遐想。泉水可为茶艺平添几分野韵、几分幽玄、几分神秘、几分美感，所以中国茶艺十分注重泉水之美，如图5-6中的鹤峰山泉。

图 5-6 湖北恩施鹤峰山泉

3．再加工水类

再加工水主要指经过工业净化处理的饮用水，包括自来水、"纯净水"、桶装矿泉水以及各种活性水、净化水等五类水。

（二）现代泡茶用水的基本要求

（1）感官标准。水质清澈，不能有异味和肉眼可见的悬浮物。

（2）化学标准。pH 值在 6.5 ～ 8.5 之间，过酸过碱都不好。

（3）重金属含量不可超标。

（4）细菌指数要低，即水质一定要干净。

二、水质与茶汤品质

符合饮用水标准的水均可用来泡茶，但水质不同会使茶汤品质差异甚大。泡茶用水有软水和硬水之分，凡每升含钙、镁离子不到 8 毫克的称为"软水"，大于 8 毫克的称为"硬水"。在自然水中，大抵只有未受污染的雨水和雪水称得上是软水，其他均为硬水。而由碳酸氢钙、碳酸氢镁形成的硬水，经煮沸后便生成不溶性的沉淀即水垢，使硬水变为软水，因此这种水称为暂时性硬水；另一种是含钙、镁、硫酸盐和氯化物的水，经煮沸这些物质仍溶于水，则这种水称为永久性硬水，不可用于泡茶，因为不同的矿物质离子对茶的汤色和滋味有很大影响。表 5-1 罗列了不同泡茶用水的优劣。

表 5-1 泡茶用水归类

泡茶用水种类	泡茶用水优劣	举例或说明
泉水	天然水中水质最佳，最适合泡茶	五大名泉
溪水、江水、河水	天然水中水质一般，可以用来泡茶	远离人烟的江河湖泊的水为好；靠近城市的水易受污染，一定要经过净化处理之后方可用来泡茶
井水（地下水）	城市里的井水大多数不适合泡茶，水碱重，多有咸味；农村地区的井水只要远离工厂或是污染源，如果水质好，可以泡茶	浅层地下水大多数不适合泡茶；深层地下水如果水质好，可以用来泡茶，有的深层地下水矿物质多，也不适合泡茶
雨水和雪水	一般情况不适合泡茶	古代人多用来泡茶，视为"天泉"
自来水	可以用来泡茶	一定要通过静置或是活性炭、竹炭、麦饭石等方法"除氯"，自来水中的氯会严重影响茶汤的味道，干扰茶叶释放本身的香气

由此可见，现代泡茶用水尽量选用地域较为清洁、无污染的优质水源地制造的低矿化度、低硬度（钙镁含量）和中性或微酸包装水。

拓展链接

唐代陆羽《茶经·五之煮》"择水候汤"

其水，用山水上，江水中，井水下。（《荈赋》所谓水则岷方之注，挹彼清流。）其山水，拣乳泉、石池漫流者上；其瀑涌湍漱，勿食之。久食令人有颈疾。又水流于山谷者，澄浸不泄，自火天至霜郊以前，或潜龙蓄毒于其间，饮者可决之，以流其恶，使新泉涓涓然，酌之。其江水，取去人远者。井水，取汲多者。

其沸，如鱼目，微有声，为一沸；缘边如涌泉连珠，为二沸；腾波鼓浪，为三沸。已上，水老，不可食也。

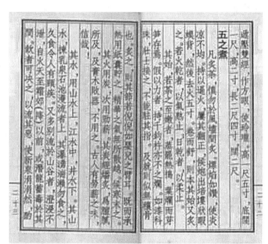

明代张源《茶录》"汤辨"

汤有三大辨十五小辨。一曰形辨，二曰声辨，三曰气辨。形为内辨，声为外辨，气为捷辨。如虾眼、蟹眼、鱼眼连珠，皆为萌汤，直至不涌沸如腾波鼓浪，水汽全消，方是纯熟；如初声、转声、振声、骤声，皆为萌汤，直至无声，方是纯熟；如气浮一缕、二缕、三四缕，及缕乱不分、氤氲乱绕，皆为萌汤，直至气直冲贯，方是纯熟。

● 实训项目

辨水、煮水

实训时间：实训授课 1 学时，共计 45 分钟，其中示范讲解 10 分钟，学员操作 25 分钟，考核测试 10 分钟。

实训器具：茶盘 1 个、盖碗 1 个、公道杯 1 个、品茗杯（带杯垫）4 个、茶叶罐 1 个、茶荷 1 个、煮水器 1 个、茶道组合 1 套、茶巾 1 条、水盂 1 个、茶滤 1 个。瓶装纯净水、自来水、名优绿茶适量。

实训方法：（1）示范讲解；（2）学员分成 6 人 / 组，3 人用纯净水泡茶，3 人用自来水泡茶，在操作室进行操作练习。

操作项目	主要内容及标准
茶礼	双手托盘（所需茶具置放在托盘上），鞠躬45°行茶礼，从座椅的左侧入座
布具	双手做好亮相姿势，并按要求摆放好茶具
温具	用沸水温润盖碗、公道杯和品茗杯
赏茶	在冲泡前应先闻干茶香，欣赏干茶的条索美
煮水	开始煮水（听声、观水）：如鱼目，微有声，为一沸；缘边如涌泉连珠，为二沸；腾波鼓浪，为三沸；三沸后水老了
泡茶	按盖碗泡茶程序进行绿茶冲泡，分别用二沸的纯净水与自来水泡茶比较
斟茶	将茶汤先倒入公道杯，然后再用公道杯斟茶
奉茶	双手将茶杯呈递到客人面前，放于适当位置，请客人品茶，同时伸出右手作"请"手势
品茶	茶品的滋味、香气会不同，显然用二沸的纯净水泡茶更甘甜
收具谢客	把泡茶用具依次收入茶盘，撤回
谢礼	从座椅的左侧退出，双手托盘站立，行谢茶礼

● **实训考核**

技能评分表

组别：_____　　　　姓名：_____

考核内容	考核要点	分值	组内互评	组间互评	教师评价
相同用水，三沸不同时间冲泡同一茶品差异	仔细辨别一沸、二沸、三沸的水泡出的茶汤的质量	4			
不同用水，二沸相同时间冲泡同一茶品差异	仔细辨别矿泉水、纯净水与自来水泡出的茶汤的质量	6			
总　　分		10			

课后练习

一、单选题

1. 现代泡茶用以下哪种水源最适合？（　　　　）。
   A. 井水　　　　　B. 雨水　　　　　C. 河水　　　　　D. 泉水

2. 古人推崇（　　　）泡茶，汤色明亮，香味俱佳。
   A. 河水　　　　　B. 江水　　　　　C. 海水　　　　　D. 雪水

3. 天水包括雨水、雪水、露水、冰雹和（　　　）等。
   A. 霜　　　　　　B. 山泉水　　　　C. 河水　　　　　D. 井水

4. 以下（　　　）不是自来水除氯的方法。
   A. 静置　　　　　B. 漂白粉　　　　C. 麦饭石　　　　D. 活性炭

5. 以下（　　　）不属于再加工水。
   A. 纯净水　　　　B. 净化水　　　　C. 井水　　　　　D. 自来水

二、判断题

1. 雪水和天落水被古人称为"天泉"，尤其是雪水，更为古人所推崇。（　　　）

2. 未受污染的雨水属于软水。（　　　）

3. 当水中每升含钙、镁离子不到8毫克的称为"硬水"。（　　　）

4. 陆羽在《茶经》中提出"其水，用矿泉水上，江水中，井水下"。（　　　）

5. 再加工水主要指经过工业净化处理的饮用水。（　　　）

第六章
茶艺礼仪

学习目标

1. 熟悉茶艺人员的职业素养的基本要求。
2. 熟练掌握茶艺人员的礼仪与接待要求。

实训目标

1. 熟练掌握茶艺人员的礼仪与接待要求，引导客人欣赏习茶之美。
2. 将所学的茶艺人员的礼仪与接待要求自然地运用于茶艺实践中，有助于净化社会风气。

本章导读

我国是茶的故乡，也是礼仪之邦。茶艺人员应做到以礼待人、以礼待茶、以礼待器、以礼待己，充分体现茶人高尚的职业素养情操、良好的礼仪素养和礼仪规范，修身养性，促进社会的进步与和谐。

第一节　茶艺人员的职业素养

2016 年 3 月 5 日，国务院总理李克强作政府工作报告时说："鼓励企业培育精益求精的工匠精神。"工匠精神落实在茶艺服务人员层面，就是一种职业素养，即认真精神、敬业精神，敬畏茶事服务，极度注重服务细节，不断追求完美和极致，给客人以无可挑剔的体验。茶艺服务人员具备良好的职业素养，可以提高服务质量和客人的满意度。

一、茶艺人员职业素养的内容

职业素养是人类在社会活动中需要遵守的行为规范。茶艺人员的职业素养主要包括以下内容。

（一）茶艺人员的职业道德

职业道德是指从业者在职业活动中表现出来的遵守职业道德规范的状况和水平，是在职业过程中所体现出的最根本、最具代表性的道德准则。由于从业者的职业道德素质会直接影响企业单位的品牌、声誉等，所以备受用人单位关注。

茶艺人员的职业道德就是茶艺人员在茶艺服务过程中应遵循的道德行为准则，也是整个茶艺活动的方针。"遵守职业道德，热爱茶艺工作，不断提高服务质量"是茶艺人员职业道德的基本准则。

（二）茶艺人员的基本素质

1. 诚实敬业，具备良好的服务意识

对于茶艺人员来说，诚信是一种职业态度，真诚守信能帮助其树立信誉。例如，在茶艺工作场所，可能会出现客人在离开时遗忘了自己的物品甚至是贵重物品的情况，茶艺人员就要替客人妥善保管，以免客人事后来寻找时出现不必要的麻烦，甚至影响经营者的声誉。

茶艺人员必须具备良好的服务意识。服务是竞争最好的手段，顾客满意是利润的源泉。茶艺服务人员要树立"我为人人"的现代社会服务理念，培养以人际交往为特征的职业情感和兴趣，不要认为茶艺服务是"伺候人"的低等行业。另外，茶艺服务的产品是提供给对生活品质有一定追求的顾客的，茶艺服务在提供过程中就被顾客所享受了，所以要求服务产品一次性达标，茶艺人员要更加重视服务态度和服务质量，形成高尚的职业风格和良好的职业素养。

2. 心态积极，具备良好的身心素质

茶艺服务工作直接面对服务对象且服务对象较广，应对情况较多。因此，良好的身体素质和心理素质是做好茶艺服务工作的前提和保证。茶艺人员要身体健康，无传染病，能始终保持旺盛的精力，还要有匀称的体形，五官端正，这样在给客人做茶艺服务时才能给人一种美好舒适的享受。在服务过程中，茶艺服务人员难免会遇到各种各样的委屈，因此要乐观开朗，具备一定的忍耐力和承受力，以良好的心态给顾客带来愉悦的心情和舒适的感受，树立"顾客第一"的思想。

3. 灵活应变，具备良好的服务技巧

茶艺服务是为了让客人愉快地品茶，让客人在茶楼度过一段美丽而愉快的时光。茶艺服务人员在提供茶艺服务时首先应一丝不苟，注重与客人的思想交流。其次，茶楼里，每个岗位的服务工作都具有相对的独立性。虽然重大问题最终由管理人员出面解决，但问题的初始处理是否得当很大程度上决定了问题的最终解决效果。因此，茶艺服务人员要能够灵活应对，在出现突发情况时，能及时采取有效的措施控制局面，为问题的妥善解决打下良好的基础。

（三）茶艺人员的业务能力

茶艺人员要为品茶的顾客提供优质的服务，使茶文化得到进一步传播和发展，不仅要为顾客选好茶、泡好茶，还要向顾客宣传"饮茶讲科学、品茶讲艺术"的理念。因此，作为茶艺师就应了解各类茶的制作过程，了解中国一些主要名茶的产地和特征，了解各种器具的实际操作与保养方法，掌握各类茶的冲泡要求和冲泡技巧，同时还要了解各地区、各民族的饮茶习俗。在茶艺服务中，熟练地运用服务礼仪、服务规范，保持良好的精神面貌和仪表仪态，了解茶楼的基本情况，正确处理突发事件。只有全面熟练地掌握这些业务技能，茶艺人员才能做好茶艺服务工作，为客人提供优质的茶艺服务。

具体来讲，初级茶艺师要懂得茶艺表演及接待礼仪，对茶类的认知与茶文化有基本了解，会鉴别茶叶优劣，懂得各茶类的冲泡技能与手法。中级茶艺师要在初级的基础上，懂得茶艺表演及接待礼仪，对国内外的茶俗、茶礼亦有所了解；加强对各茶类制作工艺的了解，

能够分辨地域不同但品种接近的茶，懂得冲泡各种茶的择水、择具，懂得泡茶的各种要素，并对各茶类评审因子及评述有一定的了解；在茶艺表演中，能准确地对所冲泡的茶叶外形内质作出正确的描述。高级茶艺师要能够按茶艺冲泡技艺要求，熟练运用茶文化知识组织设计各种规格的茶宴、茶会，能组织高规格的以茶待客活动，可以识别假茶，掌握新茶、陈茶和不同季节的茶的品质特征，具备丰富的茶文化知识和琴、棋、书、画、歌、舞等艺术基础，具有一定的外语水平，还要懂得茶艺的意境营造，意境营造要有主题。高级茶艺师要配合主题作出相应的茶席设计，茶席设计的席中铺垫、摆置、器具、花器、挂画、香炉，以及服装、音乐的选择也要符合主题，茶艺服务人员的仪容仪表要整洁，仪态要端庄，表演手法要优美流畅。

（四）茶艺人员的文化底蕴

茶艺是茶文化的灵魂，是一种特殊的生活艺术。茶艺人员是这一生活艺术的传承者，是茶文化的传播者，茶艺人员应具有一定的文化素养。茶艺人员并不是年轻美貌的代名词，而应是有气质的优雅人士。茶艺人员更是传统文化的传播者，所以应具有深厚的国学功底，能抱着认真严谨的态度进行茶艺服务。茶艺人员还应具备一定的艺术修养，茶艺中需要挂画来衬托氛围，所以茶艺人员应懂得挂什么画适合这个主题的茶事。其他的个人修养，比如琴艺、花艺、香道、古琴琴曲鉴赏等，也是提高茶艺人员修养的必要课程。

拓展链接

职业素养在工作中的地位

《一生成就看职商：一流员工的职业素养》的作者吴甘霖回首自己从职场惨败到走上成功之道的过程，总结比尔·盖茨、李嘉诚、牛根生等著名人物的成功历史，并进一步分析，看到众多职场人士的成功与失败，得到了一个宝贵的理念：一个人，能力和专业知识固然重要，但是，在职场要成功，最关键的并不在于他的能力与专业知识，而在于他所具有的职业素养。吴甘霖提出，一个人在职场中能否成功取决于其职商，而职商由10大职业素养构成。工作中需要知识，但更需要智慧，而最终起到关键作用的就是素养。缺少这些关键的素养，一个人将一生庸庸碌碌，与成功无缘。拥有这些素养，会少走很多弯路，以最快的速度通向成功。

很多企业之所以招不到满意的员工是因为找不到具备良好职业素养的毕业生，可见，企业已经把职业素养作为对人进行评价的重要指标。如成都大翰咨询公司在招聘新人时，要综合考察毕业生的五个方面：专业素质、职业素养、协作能力、心理素质和身体素质。其中，身体素质是最基本的，好身体是工作的物质基础；职业素养、协作能力和心理素质是最重要和必需的，而专业素质则是锦上添花的。职业素养可以通过个体在工作中的行为来表现，而这些行为以个体的知识、技能、价值观、态度、意志等为基础。良好的职业素养是企业必需的，是个人事业成功的基础，是个人进入企业的"金钥匙"。

二、茶艺人员的职业技能

茶艺人员是一种从事集茶文化推广、提供品茶服务以及相关艺术表演于一身的综合性服务人员。我国《茶艺师国家职业标准》规定，茶艺师应具有较强的语言表达能力，一定的人际交往能力、形体知觉能力，较敏锐的嗅觉、色觉和味觉，有一定的美学鉴赏能力。

（一）审美能力

审美能力是茶艺人员的首要技能。茶艺之美，历来被世人所称道。袅袅的茶香水汽中蕴含着茶文化的美，净化着品茶者的心灵。茶艺是一门艺术，也就具备艺术所具有的美学特征。要充分体现和发扬茶艺的美，就要求茶艺人员首先必须具备审美能力。在整个茶艺活动过程中，从开始的环境选择、器具准备、音乐配置，到茶艺表演过程的协调性，直至表演结束之后，引导顾客欣赏茶汤的色美、香美、味美，使顾客达到心灵的愉悦、放松，都需要一定的审美能力。

（二）沟通能力

沟通能力是茶艺人员的基础能力，是茶艺人员应具备的一种基本职业技能。茶艺人员要待人热情、举止得体、接待有方，能主动与客人打招呼，安排客人入座、赏茶、品茶；能有效地与客人进行沟通、交流，并耐心回答客人的问题，虚心听取客人意见。在展示或推荐茶叶时，茶艺人员要能准确地向客人介绍所冲泡茶叶的种类、特点、产地等相关内容，在冲泡过程中，要根据所泡茶叶的特性及有关的历史文化背景进行解说。由于客人可能来自五湖四海，因而茶艺人员要能够运用标准、规范的语言为客人服务，语速均匀，语调优美，用词准确。除此之外，茶艺人员还要具备一定的外语能力。

（三）表演能力

表演能力是茶艺人员应具备的核心素质。茶艺作为一门表演艺术，是在特定的环境中，以茶为载体，以音乐为伴侣，用优美的动作来展示、体现饮茶之美。因此，从观赏层面上来说，茶艺人员必须具备一定的表演能力。茶艺表演不同于一般的文艺演出，它是将泡茶的动作与泡茶的环境、器具、茶叶、音乐等有机融合在一起的表演。优秀的茶艺人员能够将茶文化底蕴、茶艺设计过程中的审美取向通过表演这一环节充分展现出来，给人以美的享受。

▊ ▃▃ 课后练习 ▃▃

一、单选题

1. 职业素养是人类在社会活动中需要遵守的（　　　）。

　　A. 职业信念　　　　B. 职业道德　　　　C. 职业技能　　　　D. 行为规范

2. 茶艺人员必须具备良好的（　　），茶艺人员要树立"我为人人"的现代社会服务理念。

　　A. 服务意识　　　　B. 竞争意识　　　　C. 自救意识　　　　D. 自我表现意识

3. 初级茶艺师要懂得茶艺表演及接待礼仪，对茶类的认知与茶文化有基本了解，会鉴别茶叶优劣，（　　）。

　　A. 可以配合主题作出相应的茶席设计　　B. 懂得各茶类的冲泡技能与手法

　　C. 会进行茶艺主题意境的营造　　　　　D. 能组织高规格的以茶待客活动

4. 下列内容不属于茶艺人员的基本素质的是（　　）。

　　A. 待客真诚　　　B. 心态积极　　　C. 灵活应变　　　D. 注重经济效益

5. 茶艺人员的首要技能是（　　）。

　　A. 审美能力　　　B. 沟通能力　　　C. 语言能力　　　D. 表演能力

二、判断题

1. 茶艺人员的职业道德就是茶艺服务人员在茶艺服务过程中应遵循的道德行为准则，也是整个茶艺活动的方针。　　　　　　　　　　　　　　　　　　　　（　　）

2. 一个茶艺人员的技能高，基本的职业素养不够也没有关系。　　　　（　　）

3. 茶艺人员要能够运用标准、规范的语言为客人服务，语速均匀，语调优美，用词准确。　　　　　　　　　　　　　　　　　　　　　　　　　　　　　（　　）

4. 我国《茶艺师国家职业标准》中规定：茶艺师应具有较强的语言表达能力，一定的人际交往能力、形体知觉能力，较敏锐的嗅觉、色觉和味觉，有一定的美学鉴赏能力。

　　　　　　　　　　　　　　　　　　　　　　　　　　　　　　　　（　　）

5. 茶艺服务最根本的是将茶泡好，充分发挥茶的特性，与审美能力和表演能力没有关系。　　　　　　　　　　　　　　　　　　　　　　　　　　　　　　（　　）

第二节　茶艺人员的礼仪素养

一、茶艺人员的仪容仪表

仪容仪表包括人的容貌、身材、姿态、修饰、服饰等。一个人的仪表不但可以体现其文化修养，还可以反映其审美趣味。茶艺人员在服务过程中，需要与客人进行面对面的交流，所以茶艺人员的仪容仪表会给客人以深刻的第一印象。茶艺人员在仪容仪表方面应遵循以下基本原则：一是注意仪容仪表，保持干净整洁；二是整装时注意避人。

（一）得体的着装

服装是一种文化素养，又是一种"语言"。茶艺服务人员着装的原则是得体和谐，应根据季节与场合的变化进行选择。茶艺服务人员服装不宜艳丽，要与环境、茶具等因素相匹配。由于茶艺属于东方文化，所以茶艺服务人员应以各民族特色服装为主，彰显一种风雅的文化内涵和历史渊源。服装式样以中式为宜，袖口不宜过宽，防止碰到茶具、沾到茶水，还要经常清洗，保持整洁。另外，服饰的颜色不宜太过鲜艳，要与环境、茶具相匹配，如果茶艺服务人员的服饰颜色过于鲜艳，会破坏和谐、安静的气氛，使人感觉躁动不安、心浮气躁。

（二）整齐的发型

作为茶艺服务人员，其头发应该梳洗干净、整齐。进行茶艺活动时，头部向前倾时要防止头发散落到前面，这样不仅会影响操作、挡住视线，而且可能会有头发掉落到茶具或操作台上，让顾客感觉不卫生，影响顾客品茶的心情。

发型的选择要根据自己的脸型，要适合自己的气质。短发，要求在低头时，头发不要落下挡住视线；长发，泡茶时要将头发束起，不要影响操作。

（三）优美的手型

作为茶艺服务人员，首先要有一双纤细、柔嫩的手，平时应注意保养，随时保持清洁、干净，指甲要及时修剪整齐，不留长指甲。在泡茶的过程中，顾客的目光较多的时间都是停

留在服务人员的手上。因此，服务人员的手极为重要。

进行茶艺活动时，手上不要带饰物，手指甲不要涂指甲油，避免给顾客造成"喧宾夺主"的感觉。此外，要把手清洗干净，但是不要涂抹护手霜，护手霜很有可能会污染茶叶和茶具，让顾客感觉不卫生。

（四）姣好的面容

茶艺表演是淡雅的事务，脸部的妆容不要太浓，也不要喷味道浓烈的香水，否则茶香被覆盖，破坏了品茶时的感觉。为顾客泡茶时，可施以淡妆以示对客人的尊敬。

面部平时要注意护理、保养，保持清新健康的肤色。在为客人泡茶时，面部表情要平和放松，面带微笑。

二、茶艺人员的姿态

优雅的举止、洒脱的风度，常常被人称赞，也最能给人留下深刻的印象。在茶艺服务过程中，茶艺服务人员与宾客的交流经常会借助人体的各种行为举止，这种接待工作有着特殊的意义和重要的作用。所以，茶艺服务人员的举止要符合礼仪的要求，以赢得宾客的尊敬。

（一）站姿

站姿是茶艺服务人员最基本的举止，正确优美的站姿会给人以精神充沛、气质高雅、庄重大方、礼貌亲切的印象。

站立时，应身体挺直，头上顶，下颌微收，眼平视，双肩放松，女性双手虎口交叉置于脐上，注意要左手在下，右手在上，双脚并拢，脚尖打开成"V"字形站稳；男性应双脚呈外八字微分开，双手交叉，左手在右手上，置于小腹部。

站立时双手不叉腰，不插袋，不抱胸。身体不东倒西歪、倚靠他物，不东张西望、摇头晃脑，不两人并立聊天。面对客人时，不可站在高于顾客的位置，以表示对客人的尊重。

（二）坐姿

茶艺服务人员在工作中，经常会坐着为顾客泡茶，因此，拥有端庄优美的坐姿尤为重要。茶艺服务时的坐姿分为4种：正面坐姿、侧点坐姿、跪式坐姿、盘腿坐姿。

1. 正面坐姿

这是茶艺服务人员最常见的一种坐姿。茶艺服务人员入座时，要轻而缓，但不失朝气，走到座位前面转身，右脚后退半步，左脚跟上，然后轻稳地坐下，坐到椅子的三分之一处或者一半处，穿长裙的女性坐下时要用手将裙子往前拢一下，切忌用手抚臀部。茶艺服务人员坐下后，上身正直，头正肩平，目视前方，嘴巴微闭，脸带微笑，小腿与地面基本垂直，两脚自然平落地面。两膝间距离，男士以松开一拳为宜，以显其自信、豁达；女士双脚并拢，与身体垂直，以显示其庄重、矜持。

2. 侧点坐姿

茶椅、茶桌的造型不同，茶艺服务人员的坐姿也会发生变化，比如茶桌的立面有面板或茶桌有悬挂的装饰物障碍，无法采取正面坐姿时，可选用左侧点坐姿或右侧点坐姿。左侧点坐姿要双膝并拢，两小腿向左侧伸出，右脚跟靠于左脚内侧中间部位，左脚脚掌内侧着地，右脚跟提起，脚掌着地。右侧点坐姿相反。

3. 跪式坐姿

在站立姿势的基础上，右脚后退半步，双膝下弯，右膝先着地，右脚掌心向上，随之左膝着地，左脚掌心向上，双膝跪下，双脚脚掌也可重叠放置，也可双脚的大拇指重叠。身体重心调整，臀部落在双脚跟上。坐下时将衣裙放在膝盖底下，这样显得整洁端庄。挺腰放松双肩，头正下颌微收，上身如站立姿势，头顶有上拔之感，坐姿安稳。

4. 盘腿坐姿

该坐姿一般适合穿长衫的男性或表演宗教茶道。坐时用双手将衣服撩起徐徐坐下，衣服后层下端铺平，右脚置于左脚下，用双手将下摆稍稍提起，不可露膝，再将左脚掌置于右脚下。

无论采用何种坐姿，泡茶时，都需要挺胸、收腹、头正肩平，身体、肩部不能因为操作动作的改变而左右倾斜。双手不操作时，平放在茶台边上，面部表情轻松愉悦，自始至终面带微笑。

（三）行姿

茶艺服务人员稳健优雅的行姿可以给宾客一种自然大方、庄重的感觉，使自己气度非凡，产生一种动态美。规范的行姿应该是头正，肩平，双目平视，嘴微闭，下颌微收，面带微笑，挺胸收腹，双臂自然弯曲，身体重心略向前倾，低抬腿，轻落步，行走时步幅适当，步速平稳、均匀。

三、茶艺服务人员的礼节

礼节是向他人表达敬意的一种仪式，也是表示敬意的统称。茶艺服务人员的礼节体现在两个方面，即语言和行为举止。在服务过程中，茶艺人员的礼仪之美是对宾客的尊重和友好。

（一）茶事服务礼节

茶艺服务人员在茶艺服务中，需要运用和注意的礼节有鞠躬礼、伸掌礼注目礼、点头礼和寓意礼等。

1. 鞠躬礼

茶艺服务人员在进行茶艺表演的开始和结束时，均要行鞠躬礼。其有站式和跪式两种，根据鞠躬的弯腰程度可分为真、行、草三种。"真礼"用于主客之间，弯腰90°；"行礼"用于客人之间，弯腰45°；"草礼"用于说话前后，弯腰小于45°。

2. 伸掌礼

当主人向客人敬奉各种物品时都简用此礼，意思为"请"和"谢谢"。伸掌姿势为四指并拢，手掌略向内凹，测斜之掌伸于敬奉的物品旁，同时欠身点头，动作要一气呵成。

3. 注目礼和点头礼

注目礼是用眼睛庄重而专注地看着对方，点头礼即点头致敬。茶艺服务人员在向客人敬茶或奉上某物品时一并使用。

4. 寓意礼

茶艺在发展过程中形成了许多带有寓意的礼节，最常见的为冲泡时的"凤凰三点头"，即手提水壶冲低斟反复三次，寓意是向客人三鞠躬以示欢迎。放置茶壶时，壶嘴不能正对客人，否则表示请客人离开；回转斟水、斟茶、烫壶等动作，右手必须逆时针方向回转，左手则以顺时针方向回转，表示招手"来！来！来！"的意思，欢迎客人来观看，否则表示挥手"去！去！去！"的意思；茶具的图案面向客人，表示对客人的尊重，切忌壶嘴正对他人；斟茶至七分满，暗寓"七分茶三分情"之意，俗话说"茶满欺客"，因为茶满不便于握杯啜饮。

拓展链接

关于"叩指礼"

一、"叩指礼"是什么

叩指礼，顾名思义就是当主人给客人敬茶时，客人用手指在桌子上轻轻叩击，借此传达对主人的敬意和谢意。以"手"代"首"，二者同音，这样，"叩首"为"叩手"所代，三个指头弯曲即表示"三跪"，指头轻叩九下，表示"九叩首"。

早先的叩指礼是比较讲究的，必须屈腕握空拳，叩指关节。随着时间的推移，逐渐演化为将手弯曲，用食指、中指或者食指单指叩几下。轻叩桌面，以示谢忱。

至今还有不少地方行此礼，甚至在广东和港澳地区，叩指礼已成为一种习惯性的饮茶礼。每当主人倒茶之际，客人即以叩手礼表示感谢。

二、"叩指礼"从何而来

1. 传说一

乾隆皇帝微服私访下江南，来到淞江，带了两个太监，到一间茶馆店里喝茶。茶店老板拎了一只长嘴茶吊来冲茶，端起茶杯，茶壶沓啦啦、沓啦啦、沓啦啦一连三洒，茶杯里正好浅浅一杯，茶杯外没有滴水溅出。

乾隆皇帝不明其意，忙问："掌柜的，你倒茶为何不多不少齐洒三下？"老板笑着回答："客官，这是我们茶馆的行规，这叫'凤凰三点头'。"乾隆皇帝一听，夺过老板的水吊，端起一只茶杯，也要来学学这凤凰三点头。

这只杯子是太监的，皇帝向太监倒茶，这不是反礼了，在皇宫里太监要跪下来三呼万岁、万岁、万万岁。可是在这三教九流罗杂的茶馆酒肆，暴露了身份，这是性命攸关的事啊！当太监的当然不是笨人，急中生智，忙用手指叩叩桌子表示以"叩手"来代替"叩首"。这样"以手代叩"的动作一直流传至今，表示对他人敬茶的谢意。

2. 传说二

乾隆微服南巡时，到一家茶楼喝茶，当地知府不小心知道了这一情况，便着便服前往茶楼护驾，怕万一出事，自己担待不起。到了茶楼，也就在皇帝对面末座的位上坐下。皇帝心知肚明，也不去揭穿，"久闻大名、相见恨晚"地装模作样寒暄一番。

皇帝是主，免不得提起茶壶给这位知府倒茶，知府诚惶诚恐，但也不好当即跪在地上来个谢主隆恩，于是灵机一动，弯起食指、中指和无名指，在桌面上轻叩三下，权当行了三跪九叩的大礼。于是这一习俗就这么流传下来。

三、"叩指礼"的种类

（1）晚辈向长辈：五指并拢成拳，拳心向下，五个手指同时敲击桌面，相当于五体投地跪拜礼。通常是敲三下，意思是"三拜"，若是你很敬重的人，可敲九下，等同于"三拜九叩"，这样显得更加有敬意、有礼貌。

（2）平辈之间：行礼者将食指和中指并拢，同时敲击桌面，相当于双手抱拳作揖。敲三下，表示对对方的尊重。

（3）长辈向晚辈：行礼者将食指或中指敲击桌面，相当于点头。一般只需敲一下，表示点一下头，如果特别欣赏、喜欢对方，可以敲三下。通常，老师对自己的得意门生，都会敲三下。

（二）茶事服务的沟通礼仪

掌握好茶事服务的沟通礼仪，既是待客的礼貌，也体现了茶艺师良好的茶事服务礼仪素养。现在以茶艺馆服务为例，讲解一下茶事服务的沟通礼仪。

1．准备充分

保持茶室或茶馆厅堂整洁、环境舒适、桌椅整齐。茶艺师要检查仪容、仪表是否符合规范，各类物品是否准备充分。

2．热情迎客

站立迎宾，但保持适当的距离，从礼仪角度来讲，一般保持一两个人的距离最为合适。这样做，既让对方感到有种亲切的氛围，同时又保持一定的"社交距离"。美国一位教授提出了广为人知的四个界域：亲密距离（15厘米之内或15～46厘米）；个人距离（46～76厘米）；公众距离（3.6～7.6米）；7.6米以外，适合做报告、演讲等。

问候客人时，可采用三步问候法：第一步，客人在较远处时，用目光关注问候客人；第二步，客人朝自己走来后，用微笑问候客人；第三步，当客人走到面前后，用语言问候客人。为客人安排座椅时，根据客人的要求和特点安排不同的位置，如对有明显生理缺陷的宾客，要注意安排在适当的位置就座，能遮挡其生理缺陷。

3．上水、递巾

用托盘恭敬地向宾客递送香巾（热毛巾）、冰水或白开水，然后送上茶单（或送上茶叶样品），耐心仔细地倾听客人的要求，记录后若有必要可复述一遍。对客人不清楚的茶品，或拿不定主意选择什么茶时，应热情礼貌、有针对性地推荐。

4．取茶、备具

茶艺师根据客人所点茶及茶食，按规定正确填写。根据不同的茶准备不同的茶具。

5．茶叶冲泡或茶艺表演

茶艺师根据不同客人的需要为客人冲泡茶叶或进行茶艺表演。

6．敬茶

茶艺师应按照礼仪顺序，依据先长者、后其次，先主宾、后次宾，先女士，后男士的次序上茶。若来宾较多，且差别不大，则茶艺师可按照顺时针方向依次上茶。这里尤其要注意的是，招待众多客人的茶水应事先准备好（绿茶可事先浸润，红茶、花茶可事先泡好，乌龙茶可到台面上当场冲泡），然后装入茶盘，送到桌上。茶艺师为客人上茶的具体步骤是：

先将茶盘放在茶车或备用桌上，右手拿着杯托，左手附在杯托附近，从客人的右后侧将茶杯递上去（不要碰到杯口，并注意盘子的平衡），报上茶名，并说"请用茶"。茶杯就位时，有柄的杯子杯柄要朝外，方便客人拿取。每杯茶以斟杯高的七分满为宜。

7. 中途服务

关注客人，及时满足客人的各种需要。当杯中水量不及 1/3 时，主动为客人续水。如需上茶食、茶点，事先应上牙签、调料等。上茶食也是从上茶的固定位置，轻轻松上，介绍名称，对特别的茶食还应介绍其特点。每上一道茶食最好进行桌面调整。桌上有水渍或杂物要及时擦拭整理，保持桌面整洁。

8. 准确结账

客人饮茶完毕时，主动询问客人还需要什么服务。如客人示意结账，即告知收银员，核对账单后将其放入收银夹内，从客人右边递上，按规定结账并道谢。

9. 礼貌送客

客人离座，应替客人拉椅、道谢，欢迎再次光临。之后，整理桌面，收拾茶具，桌椅摆放整齐，准备迎接新客人。

拓展链接

品茶礼仪

品茶除了品茶汤的味道，还要审茶、观茶，即看茶汤品质的好坏，水温的高低及茶叶在水中的形态。所需注意的礼仪也有所区别。

一、用玻璃杯品茶的礼仪

玻璃杯适用于冲泡高级绿茶、花果茶。品茶时，右手握住玻璃杯，左手托住杯底，分三次将茶水细细品啜。

二、用盖碗品茶的礼仪

盖碗适用于冲泡花茶和红茶。品茶时，一手持杯托，一手用大拇指和中指持盖顶，把碗端至胸前，将碗略微倾斜，用靠近自己这面的盖边轻刮水面，将茶叶挂到一边，然后头缓缓低下，手缓缓上抬，举到嘴前小啜。如果茶很烫，可轻轻吹一吹，但不能发出声音。

三、用瓷杯品茶的礼仪

瓷杯适用于冲泡绿茶、红茶、清茶、黄茶、白茶、黑茶。如是女士品茶，可用右手大拇指、食指扶杯口，中指托住杯底，无名指和小指曲呈兰花指状，左手指尖托住杯底，这样显得迷人而又优雅。若男士品茶，则最好将手指并拢，以表示大权在握。

四、品茶注意事项

（1）品茶时讲究三品，即用盖碗或瓷杯品茶时，要三口品完，切忌一口喝下。

（2）若使用到小勺，使用过后宜将小勺放于杯子的相反一侧。

（3）切忌将茶叶喝进嘴里，万一喝进嘴里，也不要吐出来或用手从嘴里拿出来，而是吃掉，或者在其他地方吐掉。

（4）品茶时不可出声，女士品茶前宜先用化妆纸将口红轻轻擦掉一些，以免口红印留在杯子上。

倒茶过程中的礼仪

茶冲泡好以后，需要由泡茶者或茶艺员为客人倒茶。这方面的礼仪主要包括两部分：一是倒茶过程中的礼仪，二是续茶时的礼仪。

一、倒茶过程中的礼仪

（1）倒茶过程中，泡茶者或茶艺员的动作幅度不宜太大，比如手心朝上就会给人一种不雅的感觉。

（2）无论杯具大小，均不宜倒得太满，以七分满为宜。太满了容易溢出，不仅会弄湿桌子、凳子或地板，还不利于客人接茶、品茶，甚至可能会烫伤自己或客人。

（3）如果是喝红茶，而且有外国人，最好在倒茶前询问对方需要加糖。

二、续茶的礼仪

当客人杯中的茶水饮下大半后，需要及时为客人续茶。续茶顺序可按照奉茶的顺序来进行。续茶的方法如下。

（1）无盖的茶杯：用大拇指、食指、中指握住杯把，从桌上端起茶杯，侧过身去，在客人右手后侧，将茶杯注满，整个过程都要表现得举止文雅。

（2）有盖的茶杯：左手持壶，右手中指和无名指将杯盖夹住，轻轻抬起，大拇指、食指和小指将杯子拿起，侧对客人，将茶杯注满，再按照原位摆放即可。

续茶时要注意：①不要妨碍客人，茶杯远离客人身体、座位、桌子，不在客人面前续水；②要勤斟少加，在杯中茶水一半左右时就应该加水，切勿等客人的杯子见底了再续茶，那样很不礼貌，也让客人觉得不受重视。

喝茶做客的礼仪

以茶待客时需要注意很多礼仪，同样，当我们到别人家做客，或参加聚会，也要注意身为客人的一些礼仪问题，如接茶的礼仪、品茶的礼仪、赞赏的礼仪以及答谢的礼仪等。如果举止太多随意，会给人留下不礼貌的印象，有损自己在对方心中的形象。

一、接茶的礼仪

做客时，如果不想喝茶，可提前告知对方，以免麻烦。当有人为你倒茶时，也要区别对待。

（1）同事或平辈倒茶时：可有单手或双手接过，同时说声谢谢。

（2）领导或长辈倒茶时：需站起身，用双手接茶，同事道谢，以示尊敬。

（3）若当时你的注意力在别处，没来得及接茶，也要及时向倒茶者表示感谢，以示礼貌。

二、品茶的礼仪

（1）宜用右手端杯品茶，忌用双手端，否则即表示"茶不够热"。

（2）若杯子有盖，宜用左手按住茶杯取下该，等盖上的水珠都滴到茶杯中后，再将杯盖反面朝上，放在右侧。

（3）与人交谈时，最好别喝茶。

（4）品完茶，杯中应留下少许茶，这样会被认为有礼貌。

三、赞赏的礼仪

做客喝茶时，应对主人或泡茶者表达赞赏，如赞赏泡茶的手法、茶汤的色香味，或者

茶室的环境等。即使对方做得并不完美，也应多赞美、少批评，这样才能显示出自己的良好教养，促进宾主之间的情感和谐。

四、答谢的礼仪

喝茶做客时，表达感情的方法除了口头的道谢外，还使用叩指礼，即用手指轻轻叩击茶桌。

● **实训项目**

交谈礼仪

实训时间：实训授课1学时，共计45分钟，其中示范讲解10分钟，学员操作25分钟，考核测试10分钟。

实训器具：茶艺用具等。

实训方法：（1）示范讲解；（2）学员分成3人/组，在操作室进行操作练习。

操作步骤	主要操作内容及标准
仪表礼仪	着装得体，发型整齐，手型优美，面容姣好
行为礼仪	分别以坐姿、跪姿、站姿为例，同时对行姿进行练习
服务礼仪	鞠躬礼、伸掌礼运用恰当
交谈礼仪	交谈的距离、称呼、目光、及时的肯定，表达得体，语气语调音量适中，没有出现谈话禁忌

● **实训考核**

交谈礼仪技能评分表

组别：_____　　姓名：_____

考核内容	考核要点	分值	组内互评	组间互评	教师评价
交谈礼仪	个人仪表整洁、举止得体，姿态优美，礼仪运用恰当，语言、语调、语气、音量适中，谈话内容适当，交谈时面部表情，无谈话禁忌出现	4			
操作步骤	按步骤进行	3			
操作规范	体现专业性	3			
总　　分		10			

课后练习

一、单选题

1. 下列叙述中不属于茶艺服务人员的仪表礼仪要求的选项是（　　　）。
   A. 着装得体和谐　　　　　　　　　B. 手型、发型干净
   C. 做茶时手上佩戴饰物　　　　　　D. 面容姣好

2. 用于主客之间的服务礼仪是（　　　）。
   A. 真礼　　　　　B. 行礼　　　　　C. 草礼　　　　　D. 叩首礼

3. 茶艺自古形成了许多带有寓意的礼节，下列内容表述错误的选项是（　　　）。

    A. 凤凰三点头　　　　　　　　　　B. 茶壶嘴不能正对客人

    C. 右手顺时针方向回转　　　　　　D. 茶具图案面向客人

4. 在"社交距离"中，亲密距离应该是（　　　）。

    A. 15 厘米之内或 15～46 厘米　　　B. 3.6～7.6 米

    C. 7.6 米以外　　　　　　　　　　D. 7.6 米以内

5. 从礼仪角度来讲，一般保持一两个人的距离最为合适。这样做，既让对方感到有亲切的气氛，同时又保持一定的"社交距离"。一位（　　　）教授提出了广为人知的四个界域。

    A. 德国　　　　　　B. 法国　　　　　　C. 日本　　　　　　D. 美国

二、判断题

1. 仪表所指的是人的外表，它包括容貌、服饰、姿态等各个方面，茶艺服务人员更看重的是气质。　　　　　　　　　　　　　　　　　　　　　　　　　　　　（　　　）

2. 站姿好比是舞台上的亮相，女性双手虎口交叉（右手在左手上），置于脐上；双手交叉（左手在右手上），置于小腹部。　　　　　　　　　　　　　　　　　（　　　）

3. 如果想参加他人的谈话，应事先打一声招呼。若别人正在进行私下交谈，可以凑上去旁听。　　　　　　　　　　　　　　　　　　　　　　　　　　　　　（　　　）

4. 回转斟水、斟茶、烫壶等动作，右手必须逆时针方向回转，左手则以顺时针方向回转，表示招手"来！来！来！"的意思。　　　　　　　　　　　　　　　　　（　　　）

5. 女性茶艺服务人员可以浓妆艳抹，表示对客人的尊重。　　　　　　　（　　　）

第七章
泡茶基本技法与行茶技巧

学习目标

1. 了解泡茶基本技法的内容、特点。
2. 理解行茶技巧对茶艺的最终形成所起的决定性作用。
3. 掌握泡茶过程中各操作环节、细部动作的规范要求。

实训目标

1. 熟练掌握泡茶技法的要领。
2. 学会泡茶基本技法并能达到技法运用合理、手法操作灵活的操作要求。

本章导读

掌握泡茶的基本技法与行茶技巧是我们冲泡一杯优质茶汤的基础。泡茶的技法有很多，真正的行茶高手也会根据不同的情况，采用不一样的技法，但是我们必须要掌握一些普遍性、共同性的基本技法，然后熟练灵活运用。

本章主要介绍了茶巾的折叠，茶具的捧、端、拿法，翻杯、润杯、温具、取样及置茶的手法，冲泡、分茶、轮杯、奉茶、品茗的手法。同时，阐明了茶叶的用量、泡茶水温、浸泡时间和冲泡次数等行茶技巧，对茶艺的最终形成所起到的决定性作用。

第一节　泡茶十大技法

泡茶的基本手法是茶艺师在泡茶过程中的细部动作，包括十大技法，即茶巾的折叠，茶具的捧、端、拿法，翻杯、润杯、温具、取样及置茶的手法，冲泡、分茶、轮杯、奉茶、品茗的手法。

一、茶巾的折叠

（一）长方形茶巾的折叠

长方形茶巾通常采用八叠式，具体步骤如下：

（1）将茶巾反面朝上，平铺在桌上；

（2）将茶巾的两条短边向内对应折叠至中心线，如图7-1所示；

（3）将茶巾的两条长边向内对应折叠至中心线，如图 7-2 所示；

（4）最后，将茶巾对折，放在茶桌边沿内，折口朝内，如图 7-3 所示。

图 7-1　长方形茶巾的折叠 1

图 7-2　长方形茶巾的折叠 2

图 7-3　长方形茶巾的折叠 3

（二）正方形茶巾的折叠

正方形茶巾通常采用九叠式，具体步骤如下：

（1）将茶巾反面朝上，平铺在桌上；

（2）将茶巾的上下两边在 1/3 处向内折叠，如图 7-4 所示；

（3）将茶巾的左右两边在 1/3 处向内折叠，如图 7-5 所示；

（4）最后，将折好的茶巾放在茶桌边沿内，折口朝内，如图 7-6 所示。

图 7-4　正方形茶巾的折叠 1

图 7-5　正方形茶巾的折叠 2

图 7-6　正方形茶巾的折叠 3

（三）茶巾的拿取与使用

（1）双手虎口张开，手心朝下，大拇指与其余四指夹住茶巾；

（2）双手夹拿住茶巾，向内翻转手腕，使手心朝上，如图 7-7 所示；

（3）右手顺势将茶巾斜放在左手掌上，大拇指夹拿住茶巾，右手握提开水壶；

（4）左手拿茶巾轻托住开水壶壶底，以防注水过程中出现滴洒，如图 7-8 所示。

图 7-7　茶巾的拿取与使用 1

图 7-8　茶巾的拿取与使用 2

拓展链接

茶巾的使用禁忌

茶巾是用来擦拭茶具外面、底部的水渍和茶渍的，要随时保持茶巾的洁净。桌面大面积的水迹、灰尘、果皮等，需要用抹布进行清理。

茶巾要选用吸水性强的材质，忌使用掉色、不洁、掉毛、掉线头、起毛的茶巾。

应选择干燥的茶巾，要及时更换潮湿了的茶巾。

二、茶具的捧、端、拿法

（一）茶具的捧法

高物为捧，多用于茶叶罐、茶道组、花瓶、香炉等立式物件，如图 7-9 所示。

（1）亮相手势：双手虎口张开，左手在下，右手在上，自然相握，收于胸前。

（2）转动手腕：双手拉开，虎口相对，双手向内向下翻转手腕，使双手手心向下。

（3）捧取物品：双手向前捧住物品基部移至需安放的位置，轻轻放下后收回双手。

（二）茶具的端法

低物为端，多用于茶巾盘、茶荷、茶点、水盂等立式物件，如图 7-10 所示。

（1）亮相手势：双手虎口张开，左手在下，右手在上，自然相握，收于胸前。

（2）转动手腕：双手拉开，虎口相对，双手向内向下翻转手腕，使双手手心向下。

（3）端取物品：双手手心向上，掌心向下凹作"荷叶"状，平稳移动物件至需安放的位置，轻轻放下后收回双手。

图 7-9　茶具的捧法

图 7-10　茶具的端法

（三）茶壶、茶盅、盖碗的拿法

1. 小型侧提壶

中指、拇指捏握住壶把，食指压壶盖盖钮，无名指、小拇指并列抵住中指自然弯曲，如图 7-11 所示。

2. 中型侧提壶

右手食指、中指勾住壶把，大拇指按住壶盖一侧提壶，其余手指自然弯曲。

3. 大型侧提壶

右手食指、中指勾住壶把，大拇指按压壶把，方向与壶嘴同向，左手食指、中指并拢压盖顶，其余手指自然弯曲。

4. 握把壶

方法一：右手大拇指压住盖钮或盖，其余四指握把提壶。

方法二：右手食指压住盖钮或盖，其余四指握把提壶。

5. 飞天壶

四指并拢握提壶把，拇指向下压壶盖顶，防止壶盖脱落。

6. 提梁壶

托提法：掌心向上，拇指在上，四指提壶。如图 7-12 所示。

握提法：掌心向上，拇指在上，四指并拢握提壶的右上角。如图 7-13 所示。

图 7-11 小型侧提壶

图 7-12 托提梁壶

图 7-13 握提梁壶

7. 壶式盅

拿法同小型侧提壶一样，中指、拇指捏握住壶把，食指压壶盖盖钮，无名指、小拇指并列抵住中指自然弯曲。

8. 无把盅

右手虎口张开，平稳握住茶盅口两侧外壁提盅（若有盅盖，食指需抵住盖钮）。如图 7-14、图 7-15 所示。

9. 公道杯

拿法同中型侧提壶一样，右手食指、中指勾住壶把，大拇指按住壶盖一侧提壶，其余手指自然弯曲。

10. 盖碗

右手虎口分开，大拇指与中指扣在杯身两侧，食指屈伸按住盖钮下凹处，无名指及小指自然弯曲搭扶碗壁。女士应双手将盖碗连杯托端起，置于左手掌心后如前握杯，无名指及小指可微外翘起作兰花指状。如图 7-16 所示。

图 7-14 无盅盖拿盅法

图 7-15 有盅盖拿盅法

图 7-16 盖碗拿法

三、翻杯的手法

（一）无柄杯翻杯的手法

右手虎口分开，手背向左（即反手）握住杯子的左侧基部，左手位于右手手腕下方，用大拇指和虎口部位轻托在茶杯的右侧基部或杯身，双手同时翻杯成手相对捧住茶杯，然后轻轻放下。如图7-17、图7-18所示。

图7-17　无柄杯翻杯1　　　　　　　　图7-18　无柄杯翻杯2

（二）有柄杯翻杯的手法

右手虎口分开，手背向左（即反手），用大拇指、食指、中指三指捏住杯柄，左手位于右手手腕下方，用大拇指和虎口部位轻托在茶杯的右侧基部或杯身，双手同时翻杯成手相对捧住茶杯，然后轻轻放下。

（三）品茗杯、闻香杯翻杯的手法

双手交叉捧住品茗杯底侧壁，双手向右转动手腕，翻转杯子，双手捧杯轻轻放下。

对于闻香杯、品茗杯等体积较小的茶杯，常用单手或左右手同时翻杯。即虎口张开，反手向下，用拇指、食指、中指三指捏住杯子基部，向内翻转手腕使杯口朝上，然后轻轻放下茶杯。

四、温杯与温具的手法

（一）温壶的手法

（1）开盖：用拇指、食指、中指按在壶盖盖钮上，提揭壶盖，依半圆形轨迹将其置放在盖置上或茶盘中。如图7-19所示。

（2）注汤：右手或双手提开水壶，按逆时针方向回转手腕一圈低斟，使水流沿壶口回旋注入，待水量为茶壶总容量的1/2时提腕断水，开水壶放回原处。如图7-20所示。

（3）加盖：用拇指、食指、中指按在壶盖盖钮上，提起壶盖，依开盖顺序逆向复壶盖。如图7-21所示。

图 7-19　开盖

图 7-20　注汤

图 7-21　加盖

（4）烫壶：中指、拇指捏握住壶把，食指压壶盖盖钮，无名指、小拇指并列抵住中指自然弯曲。左手轻托碗底，双手按逆时针方向转动手腕，让茶壶壶身各部分都充分接触开水，将冷气涤荡无存。如果觉得壶底很烫，可以左手取茶巾，轻托壶底。如图 7-22 所示。

（5）弃水：左手复位，右手用正确的手法提壶将水倒入水盂。如图 7-23 所示。

图 7-22　烫壶

图 7-23　弃水

（二）温盖碗的手法

1. 方法一

（1）开盖：单手用食指按住盖钮中心下凹处，大拇指和中指扣住盖钮两侧提盖，依半圆形轨迹（左手顺时针、右手逆时针）将碗盖搭放在碗托一侧，如图 7-24 所示。

（2）注汤：右手或双手提开水壶，按逆时针方向回转手腕一圈低斟，使水流沿碗口回旋注入，待水量为碗总容量的三分之一时提腕断水，开水壶放回原处，如图 7-25 所示。

（3）加盖：用食指按住盖钮中心下凹处，大拇指和中指扣住盖钮两侧提盖，依开盖顺序逆向复位碗盖，如图 7-26 所示。

图 7-24　开盖

图 7-25　注汤

图 7-26　加盖

（4）烫碗：右手虎口分开，大拇指与中指扣在杯身两侧，食指屈伸按住盖钮下凹处，

无名指及小指自然弯曲搭扶碗壁。左手轻托碗底，双手按逆时针方向转动手腕，让碗身各部分都充分接触开水后，将碗复位，如图7-27所示。

（5）弃水：右手提盖钮将盖碗靠右侧斜盖，即在盖碗左侧留一小缝隙，依前法端起盖碗平移至水盂上方，向左侧翻转手腕，倾碗使水从盖碗左侧缝隙中流进水盂，如图7-28所示。

图7-27　烫碗

图7-28　弃水

2. 方法二

（1）反置碗盖：用食指按住盖钮中心下凹处，大拇指和中指扣住盖钮两侧将碗盖反置碗上，近身侧略低且与碗内壁留有一个小缝隙。

（2）注汤：右手或双手提开水壶，缓缓低斟注水，使水流沿碗口缝隙中流入碗中，待水量为碗总容量的三分之一时提腕断水，开水壶放回原处，如图7-29所示。

（3）翻盖：右手取茶针插入缝隙内，左手手背向内护在盖碗外侧，掌沿轻靠碗沿，右手用茶针由内向外波动碗盖，左手将翻起的碗盖靠右侧斜盖，如图7-30所示。

（4）烫碗：右手虎口分开，大拇指与中指扣在杯身两侧，食指屈伸按住盖钮下凹处，无名指及小指自然弯曲搭扶碗壁。左手轻托碗底，双手按逆时针方向转动手腕，让碗身各部分都充分接触开水后，将碗复位。

（5）弃水：右手提盖钮将盖碗靠右侧斜盖，即在盖碗左侧留一小缝隙，依前法端起盖碗平移至水盂上方，向左侧翻转手腕，倾碗使水从盖碗左侧缝隙中流进水盂。

图7-29　注汤

图7-30　翻盖

3. 方法三

（1）开盖：左手用食指按住盖钮中心下凹处，大拇指和中指扣住盖钮两侧提盖，依半圆形轨迹将碗盖搭放在碗托左侧。

（2）注汤：右手或双手提开水壶，按逆时针方向回转手腕一圈低斟，使水流沿碗口回旋注入，待水量为碗总容量的三分之一时提腕断水，开水壶放回原处。

（3）烫碗：右手虎口分开，大拇指与食指、中指搭在碗身两侧基部，左手托在碗左侧底部边缘，双手按逆时针方向转动手腕，让碗身各部分都充分接触开水，将冷气涤荡无存，如图7-31所示。

（4）弃水：双手端起盖碗至水盂上方，右手腕向内转，令碗口朝左，边旋转边倒水入水盂。亦可不旋转直接倒水入水盂。

（5）加盖：左手用食指按住盖钮中心下凹处，大拇指和中指扣住盖钮两侧提盖，依开盖顺序逆向复位碗盖。

图7-31　烫碗

（三）温无柄小杯的手法

1. 方法一

（1）狮子滚绣球法。在双层排水型茶盘上温杯，可在翻杯时将茶杯相连排成"一"字形或圆形，右手提壶，用往返斟法向杯内注入开水至满，壶复位；右手大拇指、食指、中指端起一只茶杯侧放到邻近一只杯中；大拇指搭杯沿处、中指扣杯底圈足，食指勾动杯外壁转动茶杯（即狮子滚绣球），使茶杯内外均被开水烫到（图7-32）；复位后放另一只茶杯再温，直到最后一只茶杯温完后，将杯中温水直接倒入茶盘。温杯过程中，尽量避免杯子滚动时发出声音。

（2）茶夹温杯法。这种温杯方法还可使用茶夹进行，即右手持茶夹，按从左到右的方式，从左侧杯壁加持茶杯，侧放入紧临的右侧茶杯中，用茶夹转动茶杯一圈后复位，依次温杯后将最后一杯的水，直接倒入茶盘。

2. 方法二

在无排水的茶桌上温杯，可在每个茶杯内注水七分满；右手大拇指、食指、中指端起一只茶杯，左手轻托杯底（男生可省略左手动作），双手按逆时针方向转动手腕，让茶杯各部分都充分接触开水（图7-33）；左手复位，右手将茶杯平移至水盂上方，将温杯的水倒入水盂。这种温杯方法亦可用茶夹夹住杯壁，将水倒入水盂。

3. 方法三

将杯子置于茶船内，船内倒入热水浸杯，用茶夹转动杯子使其在热水中旋转数圈。等到要分茶入杯时，用茶夹夹住杯壁取出杯子即可，如图7-34所示。

图7-32　狮子滚绣球法

图7-33　温杯方法二

图7-34　茶船温杯法

（四）温无柄玻璃高杯的手法

右手或双手提壶向杯内依次沿杯壁注入开水，注水约总容量的三分之一后提腕断水，如图 7-35 所示；右手握茶杯基部，左手轻托杯底，双手协调按逆时针方向转动手腕，让茶杯各部分都充分接触开水，如图 7-36 所示；涤荡后双手将茶杯平移到水盂上方，双手搓动茶杯向前，使开水沿杯口流入水盂，放回茶杯到原处，如图 7-37 所示。

图 7-35　注水

图 7-36　烫杯

图 7-37　弃水

（五）温有柄杯的手法

右手或双手提壶向杯内依次沿杯壁注入开水，注水约总容量的三分之一后提腕断水；右手正确持杯，左手轻托杯底，双手协调按逆时针方向转动手腕，让茶杯各部分都充分接触开水；涤荡后将开水倒入水盂，将茶杯放回到原处。

（六）温盅及滤网的手法

（1）开盖：用拇指、食指、中指提揭盅盖，依半圆形轨迹将其置放在盖置上或茶盘中（无盅盖者可以省略该步骤）。

（2）置放茶滤：用拇指、食指、中指提拿茶滤，将其放在盅口上，如图 7-38 所示。

（3）注汤：右手或双手提开水壶，按逆时针方向回转手腕一圈低斟，使水流沿滤网口回旋注入，待水量为茶盅总容量的二分之一时提腕断水，开水壶放回原处。逆时针注水寓意给客人以拥抱，以示欢迎。

（4）取出茶滤：用拇指、食指、中指提拿茶滤，取出茶滤，将其放回原处。

（5）烫盅：右手持盅，左手轻托盅底，双手按逆时针方向转动手腕，让茶盅各部分都充分接触开水，将冷气涤荡无存，如图 7-39 所示。

（6）弃水：左手复位，右手用正确的手法持盅将水倒入水盂，如图 7-40 所示。

图 7-38　置放茶滤

图 7-39　烫盅

图 7-40　弃水

五、取样及置茶的手法

（一）茶荷与茶匙法

左手横握已开盖的茶叶罐，开口向右平移茶叶罐到茶荷上方；右手大拇指、食指及中指三指背向上捏茶匙，伸进茶叶罐中将茶叶轻轻扒出适量茶叶，并拨进茶荷中，如图7-41所示；左手将茶叶罐复位，然后托起茶荷；右手取茶匙，从左手托起的茶荷中将茶叶分别拨进冲泡器中，如图7-42所示。冲泡名优绿茶时，常使用此方法。

图7-41　将茶叶拨进茶荷

图7-42　将茶叶拨进冲泡器

（二）茶则与茶匙法

左手横握已开盖的茶叶罐，右手取茶则，手腕用力使其来回滚动，茶叶缓缓散入茶则，将茶则中的茶叶直接投入冲泡器（图7-43、图7-44）；或左手持茶则（掌心朝上，拇指与食指握茶则移动），使茶则对准冲泡器，右手取茶匙将茶叶拨入冲泡器，足量后右手将茶匙复位，两手合作将茶叶罐盖好放下。在冲泡乌龙茶时，常使用此方法。

图7-43　用茶则取样并投茶1

图7-44　用茶则取样并投茶2

拓展链接

如何欣赏干茶香？

欣赏干茶香，指的是在温具投茶后，借助冲泡器具的温度，把茶叶本身的香气烘托出来，然后去闻香。泡茶者和品饮者可通过这一步骤更进一步地了解茶的品质状况、更全面地欣赏茶叶，以全方位感受茶叶的美。

欣赏干茶香的步骤如下。

（1）烫壶温杯。用沸水温杯洁具，提高茶壶（盖碗）的温度。在高温的作用下，茶叶中的芳香物质更容易散发，香气才清晰。

（2）震壶。女士左手轻托壶底（碗底），右手提握茶壶（持握盖碗），食指压紧壶盖（碗盖），轻轻上下晃动两三下，使壶（盖碗）内的茶叶上下翻动，让条索之间相互碰撞，更好地释放芳香物质，方便闻香。注意震壶时动作轻柔，避免干茶条索断裂、破碎，影响茶汤口感。男士可单手持壶（盖碗）完成震壶动作。

（3）闻香。左手端起茶壶（盖碗），右手将盖子揭开一个缝隙，鼻尖凑到跟前深吸气闻香，而后可交给宾客欣赏干茶香。此过程需注意不要对着茶叶呼气，若香气不是很明显了，可再震荡一下茶壶（盖碗），继续闻香。宾客欣赏完干茶香后，需把茶壶（盖碗）交还给茶艺师进行下面的冲泡流程。

六、冲泡的手法

（一）回转冲泡法

单手回旋冲泡法：右手提开水壶，逆时针回转，令水流沿茶壶口（杯口、碗口）内壁入茶壶（杯、碗）内。

双手回旋冲泡法：在开水壶较大、较沉的情况下，单手提壶较吃力，可采用双手回旋冲泡法。右手提壶，左手拿茶巾托于壶底部位，逆时针回转，令水流沿茶壶口（杯口、碗口）内壁入茶壶（杯、碗）内。

（二）凤凰三点头

凤凰三点头即用手提水壶高冲低斟反复三次，寓意为向来宾鞠躬三次以表示尊重和礼貌。冲水时右手提壶靠近茶杯（茶碗）口注水，再提腕使壶提升，使水流如"酿泉泻出于两峰之间"，接着仍压腕将开水壶靠近茶杯（茶碗）继续注水，如此有节奏地三起三落，使杯（碗）里的水量恰到好处，最后提腕断水。

（三）高冲低斟法

右手提开水壶注水，令水流先从茶壶壶肩开始，逆时针绕圈至壶口、壶心，提高水壶令水流在茶心处持续注入，直至七分满时压腕低斟，水满后提腕断水。乌龙茶冲泡时的淋壶也用此法，水流从茶壶壶肩到壶盖再到盖钮，逆时针回转浇淋。如图7-45、图7-46所示。

图7-45　高冲　　　　　　　图7-46　低斟

七、分茶的手法

分茶即将泡好的茶分到各个品茗杯中。分茶时为了保证每个品茗杯里的茶汤浓度、色泽、滋味、香气一致，充分体现茶人平等待人的精神，一般在泡茶后大多先将茶汤倒入公道杯中，均匀茶汤之后再依次分入到各个品茗杯中进行品饮。分茶时右手正确提握公道杯，在茶巾上沾一下，吸干壶底残水，防止倒茶时杯底滴水，再提握公道杯至品茗杯上方斟茶入杯，如图7-47至图7-48所示。茶人美其名曰"游山玩水"。

图 7-47　公道杯分茶法 1　　　　　　　　　图 7-48　公道杯分茶法 2

在无公道杯的情况下，可用循环倒茶法分茶。这种分茶方法和冲泡乌龙茶时的"关公巡城""韩信点兵"较为类似。以分四杯茶为例，具体做法如下：将四个品茗杯排成"一"字或"田"字，然后开始斟茶入杯，第一杯斟茶四分之一（按七分满计算），第二杯斟茶四分之二，第三杯斟茶四分之三，第四杯直接斟至七分满，再接着依次往回斟茶，使每杯茶都至七分满，每杯茶汤浓度基本达到一致。如图7-49、图7-50所示。

图 7-49　循环倒茶法 1　　　　　　　　　图 7-50　循环倒茶法 2

八、轮杯的手法

轮杯是在乌龙茶双杯（品茗杯、闻香杯）泡法中品茗之前的一个过程。泡好的茶汤直接分入闻香杯，品饮之前先将品茗杯倒扣在闻香杯上，然后翻转双杯，使闻香杯倒立在品茗杯中。需注意，轮杯时不要超过自己的眼睛，避免出现翻白眼的状况。

（一）双手轮杯法

双手掌心朝上，大拇指抵住品茗杯杯底两侧，食指和中指夹住闻香杯杯身两侧，向内翻转手腕，使掌心朝下；先松开左手，转手端住品茗杯，再松开右手，与左手一起将品茗杯连同闻香杯一起放在茶托右侧。如图7-51至图7-53所示。

图 7-51　双手轮杯法 1　　　　图 7-52　双手轮杯法 2　　　　图 7-53　双手轮杯法 3

（二）单手轮杯法

方法一：单手掌心朝上，大拇指抵住品茗杯杯底两侧，食指和中指夹住闻香杯杯身两侧，向内翻转手腕，使掌心朝下；另一手端持品茗杯，然后松开前手，单手将杯轻轻放下。也可使用前手相助，双手端持杯子，并轻轻放下。

方法二：单手掌心朝下，食指抵住品茗杯杯底，拇指和中指夹住闻香杯杯身，翻转手腕，使掌心朝上；另一手端持品茗杯，然后松开前手，单手将杯轻轻放下。也可使用前手相助，双手端持杯子，并轻轻放下。如图 7-54、图 7-55 所示。

图 7-54　单手轮杯法 1　　　　　　图 7-55　单手轮杯法 2

九、奉茶的手法

奉茶即将泡好、分好的茶汤，端放至客人席前，并行伸掌礼向客人敬茶。

（一）正面端杯与奉茶

双手端起杯托，收至自己胸前，再从胸前将茶杯端至客人面前轻轻放下，如图 7-56 所示；或双手端杯递送到客人手中。收回左手，伸出右掌，五指自然合拢示意"请"，如图 7-57 所示。

图 7-56　正面端杯与奉茶 1　　　　图 7-57　正面端杯与奉茶 2

（二）左侧端杯与奉茶

双手端起杯托，收至自己胸前，再用右手轻托左手前臂，左手端茶至客人面前轻轻放下，并用左手行伸掌礼，示意"请"，如图 7-58 所示。

（三）右侧端杯与奉茶

双手端起杯托，收至自己胸前，再用左手轻托右手前臂，右手端茶至客人面前轻轻放下，并用右手行伸掌礼，示意"请"，如图 7-59 所示。

图 7-58　左侧端杯与奉茶

图 7-59　右侧端杯与奉茶

十、品茗的手法

品茗即品饮茶汤，应先闻其香、再观汤色、最后尝滋味。

（一）盖碗品茗法

双手连托端起盖碗至胸前，右手轻轻松开，用拇指、食指、中指捏住盖钮掀开盖，并持盖至鼻前闻香；左手端碗，右手持盖向外撇茶三次，撇去表面浮叶以观汤色；右手将盖侧斜盖放在碗口，双手将碗端至嘴前，右手转动手腕，从小隙处小口啜饮，如图 7-60 所示。

（二）品茗杯品茗法

双手或右手连托端起品茗杯，右手采用"三龙护鼎"的姿势端起品茗杯，小口啜饮茶汤。注意品饮时，虎口朝向自己，这样手就会将嘴部掩住，以示对人的礼貌和尊重，也显得高雅，如图 7-61 所示。

图 7-60　盖碗品茗法

图 7-61　品茗杯品茗法

（三）闻香杯与品茗杯品茗法

首先采用正确的轮杯方法翻转双杯，使闻香杯倒立在品茗杯中；左手扶住品茗杯外侧，

右手大拇指、食指、中指捏住闻香杯的基部，旋转轻提，令闻香杯里的茶汤自然流入品茗杯中；左手放下品茗杯，双手合掌搓动闻香杯数次（目的是用双手保温并促进杯底香气散发），双手举至鼻尖，用力嗅闻杯中茶香（图7-62）；也可单手握杯闻香，即右手握闻香杯于掌心，向内运动手指令闻香杯在手中呈逆时针转动，然后举杯至鼻尖嗅闻；闻香后将闻香杯放回杯托，右手采用"三龙护鼎"的姿势端起品茗杯，小口啜饮茶汤。

图 7-62　闻香杯与品茗杯品茗法

● 实训项目

茶巾的折叠与茶具的捧、端、拿法

实训时间：实训授课 1 学时，共计 45 分钟，其中示范讲解 10 分钟，学员操作 25 分钟，考核测试 10 分钟。

实训器具：茶巾（长方形、正方形）、茶叶罐、茶道组、随手泡、小型茶壶、茶盅。

实训方法：（1）示范讲解；（2）学员分成 4 人/组，在实训室进行操作练习。

操作步骤	主要内容及标准
茶巾折叠法	长方形茶巾八叠式、正方形茶巾九叠式
茶巾的拿取与使用	拇指与另外四指夹拿茶巾，托住右手开水壶，防止滴漏
茶具的捧法	双手捧起高物，端到自己胸前，然后移到欲安放的位置
茶具的端法	手心相对端起物品到自己胸前，然后移到欲安放的位置
茶具的拿法	按照上文描述，规范拿取不同茶具

翻杯、润杯、温具、取样置茶的手法

实训时间：实训授课 1 学时，共计 45 分钟，其中示范讲解 10 分钟，学员操作 25 分钟，考核测试 10 分钟。

实训器具：玻璃杯、品茗杯、闻香杯、盖碗、茶荷、茶道组、茶叶罐、随手泡。

实训方法：（1）示范讲解；（2）学员分成 4 人/组，在实训室进行操作练习。

操作步骤	主要内容及标准
翻杯	按照上文描述，规范翻动不同种类的杯子
润杯、温具	按照上文描述，规范温润不同种类的茶具
取样置茶	运用茶荷与茶匙法、茶则与茶匙法取样置茶

冲泡、分茶、轮杯、奉茶、品茗的手法

实训时间：实训授课 1 学时，共计 45 分钟，其中示范讲解 10 分钟，学员操作 25 分钟，考核测试 10 分钟。

实训器具：玻璃杯、品茗杯、闻香杯、盖碗、茶荷、随手泡、杯托、奉茶盘。

实训方法：（1）示范讲解；（2）学员分成4人/组，在实训室进行操作练习。

操作步骤	主要内容及标准
冲泡	运用回旋冲泡、凤凰三点头、高冲低斟3种方法冲泡茶叶
分茶	将泡好的茶分到各个品茗杯中，保证每个品茗杯里的茶汤浓度、色泽、滋味、香气一致
轮杯	翻转品茗杯、闻香杯，使闻香杯倒立在品茗杯中
奉茶	双手连托端杯，轻放至客人席前，行伸掌礼敬茶给客人
品茗	品茗应先闻其香、再观汤色、最后小口啜饮尝滋味。按照上文描述，规范操作3种品茗方式

● **实训考核**

行茶操作阶段实训评分表

组别：_____   姓名：_____

考核内容	考核要点	分值	组内互评	组间互评	教师评价
操作礼仪	个人仪表整洁、举止得体、姿态优美	2			
操作步骤	按步骤进行	2			
操作规范	体现专业性	6			
总　分		10			

课后练习

一、单选题

1. 以下茶具应用"捧"的动作去拿取的是（　　　）。

　　A. 茶荷　　　　　　B. 茶点　　　　　　C. 水盂　　　　　　D. 茶道组

2. 翻转体积较小的茶杯，应虎口张开，反手向下，用（　　　）捏住杯子基部，向内翻转手腕使杯口朝上，然后轻轻放下茶杯。

　　A. 拇指、食指　　　　　　　　　　　B. 拇指、中指

　　C. 拇指、食指、中指　　　　　　　　D. 五指

3. 分茶时右手正确提握起公道杯，在茶巾上沾一下，防止倒茶时杯底滴水，再提握公道杯至品茗杯上方斟茶入杯。这个动作被称为（　　　）。

　　A. 游山玩水　　　B. 循环倒茶法　　　C. 关公巡城　　　D. 韩信点兵

4. 右侧端杯与奉茶应双手端起杯托，收至自己胸前，再用左手轻托右手前臂，右手端茶至客人面前轻轻放下，并用（　　　）行伸掌礼，示意"请"。

　　A. 左手　　　　　　B. 右手　　　　　　C. 双手　　　　　　D. 单手

5. 品饮茶汤时，虎口应朝向（　　　），这样手就会将嘴部掩住，以示对人的礼貌和尊重，也显得高雅。

　　A. 主宾　　　　　　B. 自己　　　　　　C. 右边　　　　　　D. 左边

二、判断题

1. 正方形的茶巾通常采用九叠法。　　　　　　　　　　　　　　　　　　　（　　　）

2. 凤凰三点头冲泡法的寓意为向来宾鞠躬三次以示尊重与礼貌。　　（　　）

3. 使用公道杯分茶是为了保持各茶杯中茶汤的浓度、滋味、香气大体一致的一种做法。　　（　　）

4. 品饮茶汤要先闻茶香、再观汤色、最后尝滋味。　　（　　）

5. 奉茶时应行点头礼。　　（　　）

第二节　行茶的技巧

茶艺着重体现的是茶的冲泡技艺和品饮艺术，冲泡一杯好的茶汤与茶叶的用量、泡茶的水温、浸泡的时间和冲泡的次数都息息相关，这也是泡茶技法的四大要素。在行茶时，既要掌握泡茶技法四要素，又要掌握行茶的程序，通过反复练习，灵活运用四大要素，才能泡出茶之真味。

一、泡茶的四要素

（一）茶叶用量

茶叶用量即泡茶的时候需要投多少茶叶，这对于泡好茶来说是很关键的。茶叶的用量过多或过少都会直接影响茶汤的口感，泡出来的茶汤味道就会大打折扣，而适量的茶叶用量是好茶的味道完美呈现的重要因素。由于茶叶种类、冲泡器具容量、个人饮茶习惯和爱好不同，茶叶的用量也各不一样。所以，茶叶的用量需要根据各方面的因素综合考虑、衡量。

1. 茶叶用量取决于茶叶的种类、外形、等级

一般，绿茶、花茶、红茶的标准投茶量是以1克茶叶搭配50毫升的水冲泡，然后根据个人口感和喜好增减投茶量。因乌龙茶发酵程度、紧结程度不同，投茶量也各不相同。如果用工夫泡茶法冲泡乌龙茶，一般投茶量如下。

（1）发酵最轻的乌龙茶：投茶量为壶的三分之二为宜，如文山包种、阿里山茶。

（2）发酵较轻的乌龙茶：投茶量为壶的二分之一为宜，如冻顶乌龙、铁观音。

（3）发酵较重的乌龙茶：投茶量为壶的三分之一为宜，如大红袍、东方美人茶。

此外，细嫩的茶叶用量要多些，较粗的茶叶用量可少些，即"粗茶细吃、细茶粗吃"。

2. 茶叶用量取决于茶具的容量大小

泡茶时，我们会根据客人数量选择茶具，客人较多可以选择大壶，客人较少则选择小壶。投茶量以1克茶叶搭配50毫升的水为基础，壶大投茶量应相应增加，壶小投茶量相应减少。

3. 茶叶用量取决于个人喜好和冲泡习惯

习惯品饮浓茶者，投茶量较多，喜饮淡茶者，投茶量较少。此外，投茶量还和地方饮茶风俗、冲泡习惯有关系。如西藏、新疆、青海、内蒙古等地区，习惯在茶里加糖、加奶、加盐等，故每次投茶量较多；长江中下游地区习惯用玻璃杯、瓷杯品饮名优绿茶，投茶量不多；福建、广东等地区，喜欢喝工夫茶，茶具虽小，但投茶量较多。

（二）泡茶水温

泡茶水温指的是将水烧开后冷却到所需的温度，若是无菌的生水，也可以直接将水烧到所需的温度。一般来说，水温的高低与茶叶中有效物质的浸出速度有关。水温越高，浸出速度越快，在相同的浸泡时间内，茶汤的浓度就越浓；反之，水温越低，浸泡速度越慢，在相同的浸泡时间内，茶汤的浓度就越淡。

1. 古人对泡茶水温的讲究

古人十分讲究泡茶的水温。宋代蔡襄在《茶录》中说："候汤最难，未熟则沫浮，过熟则茶沉，前世谓之蟹眼者，过熟汤也。沉瓶中煮之不可辨，故曰候汤最难。"古人特别强调泡茶烧水要大火急沸，不要文火慢煮。明代许次纾在《茶疏》中说："水一入铫，便须急煮，候有松声，即去盖，以消息其老嫩。蟹眼之后，水有微涛，是为当时；大涛鼎沸，旋至无声，是为过时；过则汤老而香散，决不堪用。"这说明泡茶用水以刚煮沸起泡为宜，这样的水泡茶，茶汤香味皆佳。如水沸腾过久，则为"水老"，此时，溶于水中的二氧化碳挥发完全，泡茶鲜爽度降低。而刚刚沸腾的水，则为"水嫩"，水温偏低，茶中有效物质不易浸出，茶性发挥不够完全，而且茶浮于水面，不便饮用。

2. 茶叶的种类、嫩度、紧结度、大小对于泡茶水温的要求

泡茶水温到底以多少度为宜，要根据茶叶的种类、嫩度、紧结度、大小等情况来确定。一般来说茶叶粗老、紧实、叶大，水温应高；茶叶细嫩、松散、叶碎，水温应偏低。具体情况如下。

（1）低温（水温在 70～80 ℃）适合冲泡名优高档绿茶，如龙井、信阳毛尖、碧螺春等，这样冲泡出的茶汤嫩绿明亮、滋味鲜爽，茶叶中的维生素 C 破坏较少。若水温过高，茶汤易变黄，维生素 C 等有益成分遭破坏，茶多酚、咖啡碱很快浸出，使茶汤苦涩；反之，水温过低，有益成分较难浸出，茶汤滋味淡薄。

（2）中温（水温在 90 ℃左右）适合冲泡大宗绿茶、花茶、轻发酵乌龙茶、红茶、白茶、黄茶等，在冲泡过程中根据茶叶嫩度再做适当调整。

（3）高温（水温在 95 ℃以上）适合冲泡乌龙茶、普洱茶、沱茶、老白茶等。由于这些茶原料不够细嫩，每次投茶量较多，所以必须用沸腾的开水冲泡。为了保持水温，还要在冲泡前用开水烫热茶具，冲泡时用开水淋壶。若水温要求更高，还可以把茶叶在壶或锅里熬煮。

（三）浸泡时间

因为茶叶中有效物质的浸出与茶叶浸泡时间关系密切，所以浸泡时间的长短对于茶汤滋味的影响尤为显著。一般来讲，茶叶浸泡时间越长，茶汤滋味越浓，而具体的浸泡时间也与茶叶种类、泡茶水温、茶叶用量、茶叶嫩度、茶形等有关系。

1. 浸泡时间与茶叶种类、泡茶水温、茶叶用量的关系

用沸水泡茶，首先浸出的是咖啡碱、维生素、氨基酸等，大约到 3 分钟时，浸出浓度适宜，这时候茶汤口感鲜爽醇和。时间太短，茶汤色浅味淡，时间太长，茶汤苦涩味增加、香气散失。因此，为了获取一杯鲜爽甘醇的茶汤，对于大宗绿茶、红茶而言，用玻璃杯或中型盖碗冲泡时，第一泡应在冲泡后 3 分钟左右饮用为宜，若想再饮，到杯中剩余三分之一茶汤时，再续开水，以此类推。

冲泡乌龙茶时，由于投茶量较大，因此，第一泡1分钟就可以出汤，自第二泡开始，每次应比前一泡增加15秒左右，这样可保证茶汤口感，使每泡茶汤浓度相差不大。

泡茶水温若高，有效物质浸出速度加快，则冲泡时间应缩短，反之，则应加长冲泡时间；投茶量多，冲泡时间也相应缩短，反之，则相应增加。

2．浸泡时间与茶叶老嫩、茶形的关系

一般来说，茶叶原料越细嫩，茶叶越松散，冲泡时间则越短；反之，原料越粗老，茶叶越紧实，冲泡时间则应加长。此外，冲泡时间还要根据品饮者的个人口味来确定。

（四）冲泡次数

一杯茶或者一壶茶应冲泡多少次，应根据茶叶的种类和饮茶方式而定。

据测定，茶叶中各种有效物质的浸出率因冲泡次数的不同而不同，最容易浸出的是氨基酸和维生素C；其次是咖啡碱、茶多酚、可溶性糖等。一般大宗茶类冲泡第一次时，茶中的可溶性物质能浸出50%左右；冲泡第二次时，能浸出30%左右；冲泡第三次时，能浸出10%；冲泡第四次时，只能浸出2%～3%，喝起来似白开水。所以，绿茶、红茶、白茶、黄茶等冲泡二次为宜。但是，乌龙茶、黑茶等可连续冲泡5～6次，甚至更多，比如铁观音就有"七泡有余香"的美誉；而颗粒细小、揉捻充分的红碎茶、绿碎茶和速溶茶，冲泡一次就行了，不再重复冲泡。

二、行茶的程序

不同种类的茶，有不同的冲泡方法，即使是同一种茶，也有不同的冲泡方法。为了呈现每种茶自身的特点，充分发挥茶叶的茶性，应灵活地运用泡茶技艺。但是无论泡茶技艺如何变化，都应该遵守行茶程序。行茶程序包括3个阶段，即准备阶段、操作阶段、结束阶段。

（一）准备阶段

准备阶段是指客人到达之前做准备工作的阶段。准备工作包括品茗环境的清洁、整理；茶艺师个人仪容仪表的整理；茶具的清洁、准备；茶品、泡茶用水的准备。茶具、茶品的准备需考虑到品饮人数、所选茶类等因素，最基本的要求就是能够顺利地接待宾客。

（二）操作阶段

操作阶段也就是茶叶的冲泡和品饮阶段，是行茶程序中最重要的阶段。这个阶段需要茶艺师根据茶类的不同选择不同的冲泡方法，但不管是哪种方法都应遵守以下泡茶次序。

1．温具洁器

用开水冲淋茶具，包括茶杯、茶壶、盖碗、公道杯、品茗杯。其目的有二，一是提高茶具温度，激发茶性；二是当着客人的面再一次烫洗茶具，让客人更放心地饮用。

2．置茶

根据茶壶、茶杯、盖碗的大小，投入适当的茶叶。

3．冲泡

置茶后，按照1克茶50毫升水的比例，将开水冲入泡茶器具中。

4. 奉茶

约 2 ～ 3 分钟后，将冲泡好的茶汤分别敬奉给宾客，并行伸掌礼，请客人喝茶。奉茶时需面带微笑，避免手指接触茶杯杯口，污染茶具。客人可弯曲右手除拇指外的其他四指轻叩桌面以示谢意，也可回以伸掌礼或点头微笑。

5. 品饮

品饮茶汤要先闻茶香、再观汤色、最后尝滋味，如果是用玻璃杯冲泡的名优绿茶，还可以欣赏茶叶在杯中慢慢舒展开的变化过程，俗称"茶舞"。

（三）结束阶段

结束阶段是客人品饮结束后，茶艺师收具整理的阶段，主要包括清洁整理地面、茶桌、茶具等。

拓展链接

茶叶冲泡前都要"洗茶"吗？

有的人认为茶在加工制作、存储过程中，会掺杂不干净的尘埃等，甚至会有农药残留，所以，在冲泡之前需要把第一泡茶水倒掉，称之为"洗茶"。

用开水冲泡茶叶，第一泡茶汤中 50% 左右的可溶性物质（咖啡碱、氨基酸等）已经浸出，若将这泡茶汤倒掉，茶叶中对人体有益的成分将大量损失，茶叶的精华也就被大量"洗"掉了。而且从 2006 年开始，国家规定茶叶需要经过 QS 认证，符合食品级卫生标准，方可上市。所以，市场上购买的正规企业生产的茶叶我们可放心直接冲泡饮用，不用"洗茶"。

在冲泡青茶、黑茶的时候，会有"洗茶"的操作，即投茶后，注入适量的水，注水量要少，没过茶叶即可，出汤速度要快，注水即出汤。这样操作不仅是为了洗掉茶叶中不卫生的东西，更是为了浸润茶叶，有利茶叶的舒展和茶汁的浸出，尽显茶的本味。所以，这样"洗茶"被称为"润茶""浸茶"更贴切。

● 实训步骤

行茶操作阶段实训

实训时间：实训授课 1 学时，共计 45 分钟，其中示范讲解 10 分钟，学员操作 25 分钟，考核测试 10 分钟。

实训器具：茶艺用具等。

实训方法：（1）示范讲解；（2）学员分成 4 人 / 组，在实训室进行操作练习。

操作步骤	主要内容及标准
备具	根据茶类的不同，配备合适的茶具，并摆放好茶具
温具	用开水烫洗茶具，提高茶具温度
置茶	根据客人口味特点决定投茶量
冲泡	根据茶类的不同，选择合适的冲泡方法
奉茶	双手奉茶给客人，并行伸掌礼
品茗	引导客人欣赏茶汤
收具	清洁整理使用过的茶具

● **实训考核**

行茶操作阶段技能评分表

组别：＿＿＿＿＿＿＿＿　　　　　姓名：＿＿＿＿＿＿＿＿

考核内容	考核要点	分值	组内互评	组间互评	教师评价
操作礼仪	个人仪表整洁、举止得体、姿态优美	2			
操作步骤	按步骤进行	5			
操作规范	体现专业性	3			
总　　分		10			

课后练习

一、单选题

1. 发酵最轻的乌龙茶：投茶量为壶的（　　　）为宜。

　　A. 1/3　　　　　　B. 2/3　　　　　　C. 3/3　　　　　　D. 1/2

2. 水温在 95 ℃以上，适合冲泡（　　　）。

　　A. 绿茶　　　　　B. 红茶　　　　　　C. 乌龙茶　　　　　D. 黄茶

3. 冲泡乌龙茶时，由于投茶量较大，因此，第一泡（　　　）就可以出汤，自第二泡开始，每次应比前一泡增加 15 秒左右。

　　A. 1 分钟　　　　B. 2 分钟　　　　　C. 3 分钟　　　　　D. 4 分钟

4. 一般大宗茶类冲泡第一次时，茶中的可溶性物质能浸出（　　　）左右。

　　A. 60%　　　　　B. 50%　　　　　　C. 30%　　　　　　D. 10%

5. 行茶过程的操作阶段包括温具洁器、置茶、（　　　）、奉茶、品饮。

　　A. 翻杯　　　　　B. 冲泡　　　　　　C. 分茶　　　　　　D. 收具

二、判断题

1. 茶叶用量取决于茶具的容量大小，壶大投茶量应相应增加。　　　　（　　　）

2. 水温愈高，溶解度愈大，茶汤就愈浓。　　　　　　　　　　　　　（　　　）

3. 原料较粗老，茶叶较紧实，冲泡时间可相对缩短。　　　　　　　　（　　　）

4. 行茶程序结束阶段是客人品饮结束后，茶艺师收具整理的阶段。　　（　　　）

5. 茶叶中最容易浸出的是咖啡碱、茶多酚。　　　　　　　　　　　　（　　　）

第八章
茶的冲泡技艺

学习目标
1. 熟悉绿茶、黄茶、白茶、乌龙茶、红茶、黑茶等不同茶类的冲泡方法。
2. 掌握不同茶类的茶叶用量、水温、冲泡时间和冲泡次数等技能。
3. 掌握茶艺表演的创编程序。

实训目标
1. 熟练掌握不同茶类的冲泡技艺。
2. 熟练进行茶艺表演的创编及演绎。

本章导读
绿茶清新宜人，白茶毫香蜜韵，红茶醇厚甘美，乌龙茶花香馥郁，黑茶浓郁厚实。顺应茶性，讲究泡茶技艺，才能泡出茶叶的真香实味。通过创编茶艺表演，可以更好地传播茶文化。

第一节　不同茶类的冲泡技艺

一、绿茶的冲泡技艺

（一）概述

绿茶较多地保留了鲜叶内的天然物质。其中茶多酚、咖啡碱保留鲜叶中这两种成分的85%以上，叶绿素保留50%左右，维生素损失也较少，从而形成了绿茶"清汤绿叶，滋味收敛性强"的特点。最新科学研究结果表明，绿茶中保留的天然物质成分，对防衰老、防癌、抗癌、杀菌、消炎等均有特殊效果，为其他茶类所不及。

中国绿茶中名品最多，不但香高味长，品质优异，且造型独特，具有较高的艺术欣赏价值。绿茶按其干燥和杀青方法的不同，一般分为炒青、烘青、晒青和蒸青绿茶。

（二）冲泡要领

冲泡绿茶时，要根据绿茶的品种、外形、品质，选用相适宜的茶具，如玻璃杯、盖碗、茶壶，并采用相应的冲泡方式，如上投法、中投法、下投法。

"嫩茶杯泡，老茶壶泡。"优质绿茶通常具有色翠、形美的特点，选择玻璃杯来泡茶，便于观赏茶汤的色泽和茶叶的舒展过程。

具体冲泡程序见本节实训项目一。

二、黄茶的冲泡技艺

（一）概述

黄茶属轻发酵茶，基本工艺近似绿茶，但在制茶过程中加以闷黄，因此具有黄汤、黄叶的特点。黄茶名品有君山银针、蒙顶黄芽、北港毛尖、霍山黄芽、温州黄汤等。

（二）冲泡要领

黄茶宜选用透明的玻璃杯冲泡，便于观赏黄茶在杯中沉浮的景象。黄芽茶大多是以细嫩的茶芽制成的，可采用两段泡法冲泡。黄茶的投茶量以每克茶泡 50～60 毫升水为宜，冲泡水温在 75℃左右。

具体冲泡程序见本节实训项目二。

三、白茶的冲泡技艺

（一）概述

白茶属轻微发酵茶，是我国茶类中的特殊珍品。因其成品茶多为芽头，满披白毫，如银似雪而得名。中医药理证明，白茶性清凉，具有退热降火之功效，海外侨胞往往将白毫银针视为不可多得的珍品。白茶具有外形芽毫完整，满身披毫，毫香清鲜，汤色黄绿清澈，滋味清淡回甘的品质特点。

白茶为福建的特产，主要产区在福鼎、政和、松溪、建阳等地。白茶因茶树品种、原料（鲜叶）采摘的标准不同，分为芽茶（如白毫银针）和叶茶（如白牡丹、新白茶、贡眉、寿眉）。

（二）冲泡要领

冲泡白茶要选用白瓷或黄泥炻器壶杯，或用反差极大的内壁有色的黑瓷，以衬托出白毫。上好白茶大都是用春天采摘的细嫩叶子制作而成的，用壶冲泡会很快把茶叶闷熟。所以冲泡白茶，无论是杯子还是瓷碗，都宜小不宜大，否则杯碗大则水多，水多则热量也大，会使茶叶很快变色变味。

此外，专家们通过对贮藏年份分别为 1 年、4 年、20 年的白茶保健功效同时进行科学研究证实，陈年白茶在抗炎症、抗病毒、降血糖、降尿酸和修复酒精肝损伤的效果上，比新产白茶具有更好的功效。随着贮藏时间加长，白茶中的黄酮含量呈递增趋势。黄酮是一种很强的抗氧剂，可有效清除体内的氧自由基，阻止细胞的退化、衰老，阻止癌症的发生，改善血液循环，降低胆固醇。老白茶可采用煮泡法。

具体冲泡过程见本节实训项目三。

四、红茶的冲泡技艺

（一）概述

红茶在加工过程中发生了以茶多酚酶促氧化为中心的化学反应，鲜叶中的化学成分变化较大，茶多酚减少 90% 以上，产生了茶黄素、茶红素等新成分。红茶具有红汤、红叶和香甜味醇的特征。红茶的抗菌力强，能预防蛀牙与食物中毒，降低血糖与血压。

红茶为我国六大茶类之一，出口量占我国茶叶总产量的 50% 左右，主要出口国家包括埃及、苏丹、黎巴嫩、叙利亚、伊拉克、巴基斯坦、英国、加拿大、智利、德国、荷兰及东欧各国。

红茶的种类较多，按照其加工的方法与出品的茶形，一般可分为三大类：小种红茶、工夫红茶和红碎茶。

（二）冲泡要领

红茶色艳味醇，性质温和，既可清饮，也可加牛奶、柠檬、糖等调饮。所谓清饮，即在饮用时，不加任何调料。所谓调饮，即在茶汤中加入调料的一种饮用方法。中国古时，团茶、饼茶都碾碎加调味品烹煮后饮用。现在的红茶调饮法，比较常见的是在红茶茶汤中加入糖、牛奶、柠檬片、咖啡、蜂蜜或香槟酒等。调料的种类和数量，随红茶饮用者的口味而定。

具体冲泡程序见本节实训项目四和实训项目五。

五、乌龙茶的冲泡技艺

（一）概述

乌龙茶又名青茶，包括铁观音、黄旦（黄金桂）、本山、毛蟹、梅占、大叶乌龙、武夷岩茶、冻顶乌龙、水仙、大红袍、肉桂、奇兰、凤凰单丛、凤凰水仙、岭头单丛、色种等。

乌龙茶的药理作用突出表现在分解脂肪、减肥健美等方面，在日本被称为"美容茶""健美茶"。乌龙茶为中国特有的茶类，主要产于福建、广东、台湾三个省。近年来四川、湖南等省也有少量生产。乌龙茶除了内销广东、福建等省外，主要出口日本、东南亚地区。

（二）冲泡要领

乌龙茶外形条索粗壮肥厚紧实，含有的各种营养成分较多，冲泡的香气持久，过喉圆滑舒畅，回甘力强。冲泡乌龙茶最好选用宜兴紫砂壶或小盖碗（三才杯）。杯子应选精巧的白瓷小杯或由闻香杯和品茗杯组成的对杯。泡茶前先用沸水烫热杯壶，提高器皿的温度，使乌龙茶的内质发挥得淋漓尽致。此外乌龙茶应"旋冲旋啜"，边冲泡，边品饮。冲泡的时间需掌握好，泡的时间过长，茶必失味而苦涩；冲泡时间过短，色浅味淡而无韵。头一泡茶闷茶时间从 20 秒到 30 秒不等，以后每一泡要顺延 10～15 秒钟。上品乌龙茶"七泡有余香，九泡不失茶真味"。

乌龙茶的冲泡程序按地区民俗可分为潮汕、台湾、闽南和武夷山四大流派。乌龙茶双杯冲泡程序见本节实训项目六。

拓展链接

品饮潮汕工夫茶的礼仪

（1）"酒满敬人，茶满欺人。"酒是冷的，客人接手不会被烫；茶是热的，容易被烫甚至打烂茶杯，给客人造成难堪。

（2）品饮要遵循"先尊后卑，先老后少；先客后主，司炉最末"的礼仪。

（3）先端茶者不端中间的一杯，以示礼貌。端茶时不要响杯擦盘，以免被理解为强宾压主。喝茶时不要皱眉头，以免被理解为嫌弃。

（4）"新客换茶，却之不恭。"中间有新客，主人应立即换茶，以示敬客。故意不换茶视为"暗下逐客令"。换茶之后的头二遍茶，新客要连饮，否则"却之不恭"。

（5）"茶淡无茶色"意为对客人冷淡，话不投机。

（6）"茶三酒四游二人"意为茶必三人同喝，酒必四人为伍（便于猜拳行酒令），外出看风景游玩，以二人为宜，便于统一意见。

六、黑茶类茶艺

（一）概述

黑茶是中国特有的茶类，成品茶的外观呈黑色，故名黑茶。黑茶采用的原料较粗老（云南普洱茶除外），是压制紧压茶的主要原料。制茶工艺一般包括杀青、揉捻、渥堆和干燥4道工序。黑茶按地域分布主要分为湖南黑茶、四川黑茶、云南黑茶（普洱茶）及湖北黑茶4类。黑茶类的制作过程一般注重发酵或后发酵，有的紧压成砖茶、饼茶。

（二）冲泡要领

冲泡黑茶宜选择粗犷、大气的茶具。一般用厚壁紫砂壶、陶壶或盖碗冲泡；公道杯和品茗杯则以透明玻璃器皿为佳，便于观赏汤色。冲泡时一般用100℃的沸水，高档砖茶及三尖茶茶水比为1:30左右，粗老砖茶为1:20左右。冲泡黑茶时，较嫩的茶多透少闷，粗老茶则多闷少透，粗老茶也可煮饮。

具体冲泡程序见本节实训项目七。

● 实训项目

项目一　玻璃杯冲泡绿茶

实训时间：实训授课1学时，共计45分钟，其中示范讲解10分钟，学员操作25分钟，考核测试10分钟。

实训器具：茶盘1个、玻璃杯3个、茶叶罐1个、茶荷1个、煮水器1个、茶道组合1套、茶巾1条、水盂1个。细嫩绿茶适量。

实训方法：（1）示范讲解；（2）学员分成3人/组，在操作室进行操作练习。

操作步骤	主要内容及标准
茶礼	双手托盘（所需茶具置放在托盘上），鞠躬45°行茶礼，从座椅的左侧入座
布具	双手做好亮相姿势，并按要求摆放好茶具
翻杯润杯	从右至左用双手逐个将杯子翻转过来；接着将开水冲入杯的1/3，用右手握住杯的下半部按逆时针方向轻轻旋转杯身数下后将开水倒出
取样赏茶	用茶则从茶罐中取适量茶叶，并拨至茶荷，同时仔细观察干茶外形特征，欣赏干茶成色、嫩匀度，嗅闻干茶香气，根据茶叶的品质特征和文化背景、典故作简短介绍
香茗入杯	上投法：碧螺春茶 （1）杯中注85℃开水七分满后，用茶匙轻柔地投入约5克碧螺春茶 （2）静待碧螺春茶一片一片下沉，欣赏它们慢慢展露婀娜的身姿 （3）茶芽在杯中逐渐伸展，一旗一枪，上下沉浮，汤明色绿

（续）

操作步骤	主要内容及标准
香茗入杯	中投法：黄山毛峰 （1）杯中先注85℃开水（约1/3），用茶匙轻柔地投入约5克黄山毛峰茶，静待茶芽慢慢舒展 （2）待茶芽舒展后，加水注杯子七分满 下投法：龙井茶 （1）杯中投入适量龙井茶芽 （2）加入少许适温开水 （3）拿起玻璃杯，徐徐摇动使茶芽完全濡湿，并让茶芽自然舒展 （4）待茶芽稍为舒展后，加水注杯子七分满
敬奉香茗	右手轻握杯身，左手托杯底，双手将茶杯呈递到客人面前，放于适当位置，请客人品茶，同时伸出右手作"请"的手势
品饮演示	（1）嗅闻天香，右手轻握杯身，左手托杯底端至鼻下，细细嗅闻带着大自然气息的清香 （2）观赏茶汤，仔细观察绿茶的汤色 （3）小口细品香茗，茶在口中稍稍停顿，然后使茶汤从舌尖到两侧，再到舌根，充分与味蕾接触，以辨别滋味的鲜醇度、浓度及纯度
续水及时	当杯中的茶饮到1/3水量时即应续水，每杯优质绿茶以续水2～3次为宜
收具谢客	把泡茶用具依次收入茶盘，撤回
谢礼	从座椅的左侧退出，双手托盘站立，行谢茶礼

项目二　玻璃杯冲泡黄茶

实训时间：实训授课1学时，共计45分钟，其中示范讲解10分钟，学员操作25分钟，考核测试10分钟。

实训器具：茶盘1个、玻璃杯3个、茶叶罐1个、茶荷1个、煮水器1个、茶道组合1套、茶巾1条、水盂1个、黄茶适量。

实训方法：（1）示范讲解；（2）学员分成3人/组，在操作室进行操作练习。

操作步骤	主要内容及标准
茶礼	双手托盘（所需茶具放在托盘上），鞠躬45°行茶礼，从座椅的左侧入座
布具	双手做好亮相姿势，并按要求摆放好茶具
翻杯润杯	从右至左用双手逐个将杯子翻转过来；接着将开水冲入杯的1/3，用右手握住杯的下半部按逆时针方向轻轻旋转杯身数下后将开水倒出
欣赏干茶	用茶则从茶罐中取适量茶叶，并拨至茶荷，同时仔细观察干茶外形特征，欣赏干茶成色、嫩匀度，嗅闻干茶香气，根据茶叶的品质特征和文化背景、典故做简短介绍
香茗入杯	用茶匙将茶荷中的茶叶轻拨至杯中，茶叶用量约为3克左右
润泽香茗	顺杯壁冲水至杯的1/3，静候15～20秒钟，观察茶叶浸润舒展的过程
悬壶高冲	提高煮水器，以"凤凰三点头"的方式高冲至杯的七分满
敬奉香茗	右手轻握杯身，左手托杯底，双手将茶杯呈递到客人面前，放于适当位置，请客人品茶，同时伸出右手作"请"的手势。
品饮演示	（1）嗅闻茶香，右手轻握杯身，左手托杯底端至鼻下，细细闻香 （2）仔细观察黄茶的汤色。如果是君山银针应仔细观察"三起三落"的过程 （3）小口细品香茗，茶在口中稍稍停顿，然后使茶汤从舌尖到两侧，再到舌根，充分与味蕾接触，以辨别滋味的鲜醇度、浓度及纯度
续水及时	当杯中的茶饮到1/3水量时即应续水，每杯优质黄茶以续水2～3次为宜
收具谢客	把泡茶用具依次收入茶盘，撤回
谢礼	从座椅的左侧退出，双手托盘站立，行谢茶礼

项目三　煮饮冲泡老白茶

实训时间：实训授课1学时，共计45分钟，其中示范讲解10分钟，学员操作25分钟，考核测试10分钟。

实训器具：茶盘1个、小陶罐1个、小陶炉1个、公道杯1个、品茗杯4个、茶叶罐1个、茶荷1个、煮水器1个、茶道组合1套、茶巾1条、水盂1个、茶滤1个、老白茶适量。

实训方法：（1）示范讲解；（2）学员分成3人/组，在操作室进行操作练习。

操作步骤	主要内容及标准
茶礼	双手托盘（所需茶具置在托盘上），鞠躬45°行茶礼，从座椅的左侧入座
布具	双手做好亮相姿势，并按要求摆放好茶具
温具	用沸水温润公道杯和品茗杯
投茶、烤茶	用茶夹将适量老白茶投入小陶罐中，在陶炉上烘烤至出茶香
醒茶	将少量沸水注入小陶罐，激发茶香，而后滤出第一泡倒入水盂
煮茶	再次注入沸水至小陶罐，放在陶炉上煮片刻，静候15～20秒，观察茶叶浸润舒展的过程
分茶	将煮好的茶倒入公道杯，再由公道杯逐一分至品茗杯，每杯七分满为宜
敬奉香茗	右手轻握杯身，左手托杯底，双手将茶杯呈递到客人面前，放于适当位置，请客人品茶，同时伸出右手作"请"的手势
品饮	细品老白茶的枣香
续水及时	当小陶罐中的茶剩1/3水量时即应续水煮饮
收具谢客	把泡茶用具依次收入茶盘，撤回
谢礼	从座椅的左侧退出，双手托盘站立，行谢茶礼

项目四　盖碗冲泡红茶

实训时间：实训授课1学时，共计45分钟，其中示范讲解10分钟，学员操作25分钟，考核测试10分钟。

实训器具：茶盘1个、盖碗1个、品茗杯4个、茶叶罐1个、煮水器1套、茶道组合1套、茶巾1条、茶海1个、滤网1套、茶荷1个、水盂1个。红茶适量。

实训方法：（1）示范讲解；（2）学员分成3人/组，在操作室进行操作练习。

操作步骤	主要操作内容及标准
茶礼	双手托盘（所需茶具置在托盘上），鞠躬45°行茶礼，从座椅的左侧入座
布具	双手做好亮相姿势，并按要求摆放好茶具
温杯洁具	将开水注入盖碗，按同一方向轻轻旋转盖碗数下，然后将盖碗内的水依次温公道杯及品茗杯中，再将品茗杯中的水倒出
香茗入杯	用茶则取茶并将茶叶拨入盖碗内（投茶量根据盖碗大小或客人要求而定）
润泽香茗	沿碗沿缓缓注入85～90℃的开水润泽茶叶（水量控制在盖碗的三分之一淹没茶叶）
摇曳生香	轻拿盖碗以逆时针方向旋转，以促进茶香的散发
悬壶高冲	可用定点注水，或旋转注水方式注水七分满
分茶入杯	出汤至公道杯，再由公道杯依次分至品茗杯
敬奉香茗	面带微笑，双手捧杯敬奉香茗给客人，并伸手示意"请用茶"
闻香、观色、品味	细闻红茶迷人的花香或熟果香，并仔细观察红茶的汤色，小口品饮茶汤
收具谢客	把泡茶用具依次收入茶盘，撤回
谢礼	从座椅的左侧退出，双手托盘站立，行谢茶礼

项目五　冲泡红茶调饮（奶茶）

实训时间：实训授课 1 学时，共计 45 分钟，其中示范讲解 10 分钟，学员操作 25 分钟，考核测试 10 分钟。

实训器具：茶盘 1 个、茶壶 1 个、有柄茶杯 4 个（带杯垫）、搅拌匙 1 个、煮水器 1 套、茶巾 1 条、茶荷 1 个、水盂 1 个；红茶包 1 盒、牛奶 1 斤、奶盅 1 个、糖适量、糖盅 1 个。

实训方法：（1）示范讲解；（2）学员分成 3 人 / 组，在操作室进行操作练习。

操作步骤	主要内容及标准
茶礼	双手托盘（所需茶具及配料置放在托盘上），鞠躬 45° 行茶礼，从座椅的左侧入座
备具、备配料	双手做好亮相姿势，并按要求摆放好茶具及配料
温杯洁具	将开水注入壶的 1/2；持壶按递时针方向轻摇数下并依次倒入杯中；将杯中的水倒掉，并放于杯垫上
注水入壶	将 100℃沸水注入壶中
香茗入壶	根据壶的大小或人数，将 1～2 袋红茶包放入注入水的壶中，茶壶静置 3 分钟左右；拿起茶包尾端的绳子上下轻提数下取出（注意：切勿太过用力或提动次数过多，以防破袋，茶渣入汤）
分茶入杯	将泡好的茶汤依次倒入杯中，斟倒量为杯的五至六成满
添加配料	根据个人喜好，将适量鲜奶、糖加入杯中，并用搅拌匙按顺时针方向搅拌（注意：奶量过多，汤色灰白，茶香味淡薄；奶量过少，失去奶茶风味，糖的用量因人而异，以各自适口为度。也可冲泡好红茶即散奉给客人，鲜奶和糖放置在桌上，由客人自己添加调配）
敬奉香茗	双手端起杯托和茶杯，礼貌地敬奉给品饮者；请客人品茶，同时伸出右手作“请”手势
收具谢客	把泡茶用具及配料依次收入茶盘，撤回
谢礼	从座椅的左侧退出，双手托盘站立，行谢茶礼

项目六　双杯冲泡乌龙茶

实训时间：实训授课 1 学时，共计 45 分钟，其中示范讲解 10 分钟，学员操作 25 分钟，考核测试 10 分钟。

实训器具：茶盘 1 个、紫砂壶 1 个、品茗杯 4 个、闻香杯 4 个、茶叶罐 1 个、煮水器 1 套、茶道组合 1 套、茶巾 1 条、茶海 1 个、滤网 1 套、茶荷 1 个、水盂 1 个。乌龙茶适量。

实训方法：（1）示范讲解；（2）学员分成 3 人 / 组，在操作室进行操作练习。

操作步骤	主要内容及标准
茶礼	双手托盘（所需茶具置放在托盘上），鞠躬 45° 行茶礼，从座椅的左侧入座
布具	双手做好亮相姿势，并按要求摆放好茶具
温杯洁具	将开水注入紫砂壶，然后将紫砂壶内的水依次温公道杯及品茗杯、闻香杯
鉴赏干茶	观赏干茶的条索、匀整度等指标，介绍产地、特点等
香茗入壶	用茶则取茶并将茶叶拨入紫砂壶内
润泽香茗	沿壶缓缓注入 100℃的沸水润泽茶叶（水量控制在紫砂壶的三分之一淹没茶叶），同时轻旋壶身，以促进茶香的散发
悬壶高冲	可用定点注水，或旋转注水方式注水七分满
分茶入杯	出汤至公道杯，由公道杯依次分茶至闻香杯
敬奉香茗	面带微笑、双手捧杯敬奉香茗给客人，并伸手示意“请用茶”
闻香、观色、品味	由闻香杯热汤过桥至品茗杯，细闻乌龙茶迷人的花香，并仔细观察汤色，小口品饮茶汤
收具谢客	把泡茶用具依次收入茶盘，撤回
谢礼	从座椅的左侧退出，双手托盘站立，行谢茶礼

项目七 陈年黑茶烹煮法冲泡

实训时间：实训授课 1 学时，共计 45 分钟，其中示范讲解 10 分钟，学员操作 25 分钟，考核测试 10 分钟。

实训器具：茶盘 1 个、同心壶 1 个、蜡烛或酒精灯 1 个、公道杯 1 个、品茗杯（带杯垫）4 个、茶叶罐 1 个、茶荷 1 个、煮水器 1 个、茶道组合 1 套、茶巾 1 条、水盂 1 个、茶滤 1 个。陈年黑茶适量。

实训方法：（1）示范讲解；（2）学员分成 3 人/组，在操作室进行操作练习。

操作步骤	主要内容及标准
茶礼	双手托盘（所需茶具置放在托盘上），鞠躬 45° 行茶礼，从座椅的左侧入座
布具	双手做好亮相姿势，并按要求摆放好茶具
赏茶	在冲泡前应先闻干茶香，以陈香明显者优，有霉味异味者为下品
温具	用沸水温润同心壶、公道杯和品茗杯
洗茶	将茶荷里的黑茶倒进煮茶用的同心壶中，然后将开水冲入壶中，洗一遍茶
煮茶	同心壶下点燃小蜡烛（或酒精灯），开水入壶后茶汤颜色慢慢加深，头一泡到枣红色即止，以加温的方法来烹出黑茶独特的滋味和陈韵
斟茶	将茶汤先倒入公道杯，然后再用公道杯斟茶
奉茶	双手将茶杯呈递到客人面前，放于适当位置，请客人品茶，同时伸出右手做"请"手势。
目品	观赏杯中黑茶茶汤表面飘浮着的一层云雾，茶汤艳丽亮红，表面一层淡淡的薄雾乳白朦胧
鼻品	黑茶的香气随着冲泡的次数不断变化，细闻茶香的变化
口品	让黑茶的陈香、陈韵和茶气、茶味在口中慢慢弥散
续水及时	当同心壶中的茶剩 1/3 水量时即应续水煮饮
收具谢客	把泡茶用具依次收入茶盘，撤回
谢礼	从座椅的左侧退出，双手托盘站立，行谢茶礼

● 实训考核

绿茶（黄茶、白茶、乌龙茶、红茶、黑茶）冲泡技能评分表

组别：＿＿＿＿＿＿＿＿ 姓名：＿＿＿＿＿＿＿＿

考核内容	考核要点	分值	组内互评	组间互评	教师评价
茶礼	个人仪表整洁、举止得体、姿态优美	2			
布具	合理、实用	1			
茶艺演示	程序合理、过程完整、动作轻柔	4			
茶汤质量	温度、汤色、滋味、香气符合要求	3			
总 分		10			

▮ 课后练习

一、单选题

1. 龙井茶冲泡时采用（　　）的投茶方法。

    A. 上投法　　　　B. 中投法　　　　C. 下投法　　　　D. 随意

2. 黑茶属于后发酵茶类，应用（　　）水冲泡。

    A. 50℃　　　　B. 75℃　　　　C. 85℃　　　　D. 100℃

3. 适宜用玻璃杯冲泡的茶有（   ）。
    A. 绿茶　　　　　B. 黑茶　　　　　C. 老白茶　　　　D. 乌龙茶
4. 乌龙茶冲泡与品饮应采用（   ）。
    A. 煮饮法　　　　B. 点茶法　　　　C. 闷泡静置法　　D. 旋冲旋啜
5. 可采用煮泡法的茶是（   ）。
    A. 浙江龙井　　　B. 湖北砖茶　　　C. 祁门红茶　　　D. 霍山黄芽

二、判断题

1. 红茶色艳味醇，性质温和，只可清饮。　　　　　　　　　　（　　）
2. 冲泡乌龙茶最好选用宜兴紫砂壶或玻璃杯。　　　　　　　　（　　）
3. 冲泡黑茶时，较嫩的茶多透少闷，粗老茶则多闷少透，粗老茶也可煮饮。（　　）
4. 冲泡白茶要选用白瓷或黄泥炻器壶杯，或用反差极大的内壁有色的黑瓷。（　　）
5. 绿茶一般采用煮饮法。　　　　　　　　　　　　　　　　　（　　）

第二节　茶艺表演

　　茶艺表演属舞台表演型茶艺，是指不同于日常生活中的茶叶冲泡和品饮，侧重表演性和观赏性的茶事活动。这种表演适用于大型聚会，对推广茶文化、普及和提高大众的泡茶技艺等有较好的作用。茶艺表演可以借助舞台美术效果增强现场的艺术感染力，应根据表演内容对灯光及布景进行符合主题的设计，表演过程中动作的起落要优美有度，并尽量与配乐契合，以取得最佳表演效果。

一、茶艺表演的类型

（一）按茶类划分

　　一般而言，根据茶叶分类，茶艺表演可分为绿茶茶艺、红茶茶艺、乌龙茶茶艺、黄茶茶艺、白茶茶艺、黑茶茶艺、花茶茶艺等。也可以具体到某一种茶叶，如龙井茶茶艺、碧螺春茶茶艺、祁门红茶茶艺等，有多少种茶，就有多少种茶艺。

（二）按主泡用具分类

　　主泡用具有盖碗、紫砂壶、玻璃杯等，按主泡用具划分有盖碗茶艺、紫砂壶茶艺、玻璃杯茶艺等。

（三）按时代特征分类

　　按时代特征分类，可分为唐代茶艺、宋代茶艺、明代茶艺、清代茶艺、当代茶艺等。

（四）按茶人身份分类

　　根据参与茶事活动的茶人的身份进行分类，可分为宫廷茶艺、文士茶艺、宗教茶艺、民间茶艺等。

（五）按不同民族分类

按民族分类，茶艺表演分为汉族茶艺、回族茶艺、藏族茶艺、蒙古族茶艺等。

二、茶艺表演的基本要求

（一）茶艺表演的的艺术特征

茶艺表演既具有一般艺术表演的共性特征，也存在一些个性特征。在编排茶艺表演时，应紧紧遵循其共性特征及个性特征，通过整个茶事活动予以体现。

1. 体现茶之魂——"和"

"和"一直是中国儒家哲学的核心思想，也是中国茶道的核心和中国茶艺的灵魂。历代茶人在茶事活动中常会注入儒家修身养性、培育人格的思想，同时也就将儒家的一些精髓融入茶事当中，并提出茶具有中和、高雅、和谐、和平、和乐、和缓、宽和等意义。因此无论是煮茶过程、茶具的使用，还是品饮过程、茶事礼仪的动作要领，都要不失"和"的风韵，选择的主题不宜太过对立、冲突、争斗、尖锐。

2. 把握茶之性——"静"

茶树静默地生长在大自然中，禀山川之灵气，得日月之精华，天然富有谦谦君子之风。自然条件决定了茶性微寒，味醇而不烈，饮后使人清醒而不过度兴奋，更加安静、冷静、宁静、平静、雅静、文静。因此茶事活动一般都应具有"静"的特点。周渝先生曾说："静不是死板，静是活的，要由动来达到静，是每个人都能够达到的。有些人心里很烦，你要他去面壁，去思考，那更烦，更可怕。可是如果你专心把茶泡好，你自然就进去了，就静了。"所以动中有静，静中有动，这是一个很简单的入静法门，又是很快乐的。茶艺和一般的艺术不同，它是静的艺术，动作不宜太夸张，节奏也不宜太快，音乐不宜太激昂，灯光不宜太强烈。

3. 彰显茶之韵——"雅"

"雅"可以高雅、儒雅、文雅、风雅、优雅、清雅、淡雅、古雅、幽雅，是中国茶艺的主要特征之一，它是在"和""静"基础上形成的神韵。在整个茶艺表演过程中，表演者应从始至终要表现出高雅、文雅、优雅的气质，不能俗气、俗套、俗不可耐。

（二）茶艺程序编排要求

（1）主题思想：这是茶艺表演的灵魂。无论是取材于古代文献记载还是现实生活，表演型茶艺都要有一个主题。如《白族三道茶》取材于少数民族茶俗，通过"一苦二甜三回味"的三道茶，来告诫人们人生在世要先吃苦后享福的道理。有了明确的主题后，才能根据主题来构思节目风格，编创表演程序、动作，选择茶具、服装、音乐等进行排练。

（2）人物：根据主题要求，首先确定表演人数，一般茶艺表演的组合有一人、二人、三人和多人，确定了表演人数之后，须仔细挑选表演者，要综合考虑文化素质和艺术修养。茶艺表演反映的主题与内容不同，选择的演员形象也要有所不同。例如《仿唐宫廷茶艺》，因为唐代以胖为美，故选择的演员就应该丰满一些；宋代以瘦为美，故《仿宋茶艺》中的演员就应以清瘦为主；《擂茶》《新娘茶》等民俗茶艺则应选择表情活泼的女孩。

（3）动作：主要是指表演者的肢体语言，包括眼神、表情、走（坐）姿等。总的要求是动作要轻盈、舒缓，如行云流水，泡茶时动作要熟练、连贯、圆润，避免茶具碰撞，放在左边的茶具应用左手拿，最好不要使双手交叉，茶汤不能洒在桌上。表情要自然，既不能板着面孔，也不能嬉皮笑脸。眼神要专注、柔和不能飘移，更不能东张西望或窥视，给人以不庄重感，但也不能埋头苦干，要有与观众交流的时候。此外编排者还应注意整个程序要紧凑，有变化，吸引人。

（4）服饰：包括服装、发型、头饰和化妆。

服饰要根据主题来设计，主要以中国传统服饰为主，一般是旗袍或对襟衫和长裙。裙子不宜太短，不能太暴露。手上不宜配带饰品，更不能涂指甲油，也不能染发。妆容以淡妆为好，不宜过于浓艳，以免显得俗气。

服饰选择方面应与历史相符合，表演《仿唐宫廷茶艺》就应选用具有唐朝典型特点的服饰。

服饰选择最好还能与所泡的茶相符合，如泡的是绿茶，其特点是叶绿汤清，可选择白色、绿色等素雅的颜色。如表演《龙井问茶》时，茶艺师身着白底镶绿边的旗袍，就会显得特别清新脱俗。

（5）道具：主要指泡茶的器具，包括茶具、桌椅、陈设等，是茶艺表演的重要组成部分。道具的选择主要根据茶艺表演的题材来确定，如反映现代生活的题材就可选用紫砂、盖碗、玻璃等多种茶具，但如果是古代题材就不能选用玻璃器具。青花瓷是在元代才出现的，那么元代以前的茶艺表演就不能选用青花瓷；紫砂茶具是在明清时期才开始逐渐流行，在表现宋代点茶时就不应出现紫砂壶。

（6）音乐：茶艺表演过程中，合适的音乐对氛围的营造十分重要。我国有很多古典名曲可供茶艺表演使用。如反映月下美景的有《春江花月夜》《月儿高》《霓裳曲》《彩云追月》等；反映山水之音的有《流水》《汇流》《潇湘水云》《幽谷清风》等；反映思念之情的有《塞上曲》《阳光三叠》《情乡行》《远方的思念》等；拟禽鸟之声态的有《海青拿天鹅》《平沙落雁》《空山鸟语》《鹧鸪飞》等。

（7）背景：表演型茶艺多在舞台上进行，因此要根据表演主题来布置背景，但不宜太过于复杂，不能喧宾夺主，应力求简单、雅致，让观众的注意力集中在泡茶者身上。如果没有条件，可选择屏风作为背景隔开，在屏风上可挂些与主题相关的字画。

（8）灯光：茶艺表演中灯光一般要求柔和，不宜太暗，也不能太亮，太暗会看不清茶汤的颜色，不能使用舞厅中的旋转灯。

三、茶艺表演创编设计案例

茶艺表演节目《茶香染丝路》，如图 8-1 所示。此节目获第七届湖北省茶业职业技能大赛最佳创编奖，创编人为刘晓芬，国家一级茶艺高级技师，现任教于湖北大学职业技术学院。

图 8-1 《茶香染丝路》茶艺节目

（一）创编背景

在"一带一路"倡议背景下，追溯万里茶道上湖北砖茶的历史背景，将中国茶饮文化与俄罗斯茶饮文化相结合，同时，通过茶艺创编背景、茶艺程序设计、茶文学、茶音乐、泡茶方式等不同要素的组合，由点及面，以茶艺创编的形式推广中国茶文化走向世界。

古时的"万里茶道"经过湖北，而在中俄万里茶道的辉煌历史中，汉口是世界最大的茶叶集散地，是俄罗斯茶商心目中的茶道起点，有"东方茶港"之称。经专家考证，1861 年武昌府羊楼洞茶厂的兴办是湖北省近代工业的起源。赤壁茶叶辉煌了 400 年，当时赤壁是世界有名的国际茶叶贸易名镇，在 0.7 平方千米的范围之内，活跃着 200 多家茶商、40 000 多人，其中有近半数是外国人。茶叶从赤壁运到汉口之后，一是经过恰克图进入俄罗斯；一是经敦煌到伊犁、阿拉木图，进入中亚，再到欧洲各地。从赤壁运出的中国茶叶数百年间串联起沿线几十个国家的 200 多个城市。因此以羊楼洞米砖和青砖茶为依托，以中俄万里茶道的茶文化为背景创作的主题茶艺《茶香染丝路》具有时代意义。

（二）茶艺表演程序设计

1. 设计思路

中俄万里茶道，将湖北米砖和青砖带到了俄罗斯，推进了俄罗斯茶饮文化的发展。1679 年清朝康熙皇帝在位期间，中俄两国签订了关于俄国从中国长期进口茶叶的协定。但是，由于路途遥远，运输困难，数量有限，茶在 17、18 世纪的俄国成了典型的"贵族饮品"，饮茶成了身份和财富的象征。直到 18 世纪末，茶叶市场才由莫斯科扩大到少数外省地区，如下诺夫哥罗德地区。到 19 世纪初，饮茶之风在俄国各阶层开始盛行。19 世纪俄国著名文学家普希金的《叶甫盖尼·奥涅金》有这样的诗句：天色转黑，晚茶的茶炊闪闪发亮，在桌上咝咝响，它烫着瓷壶里的茶水；薄薄的水雾在四周荡漾。这时已经从奥尔加的手下斟出了一杯又一杯的香茶，浓酽的茶叶在不停地流淌。诗人笔下展现了俄罗斯茶文化所特有的氛围。饮茶当思源，俄罗斯人民最喜欢的米砖产于湖北羊楼洞，每年几十万担的茶砖由当地的茶农用吱呀作响的鸡公车，日夜不停地运往汉口，运往张家口，直至遥远的俄罗斯。万里茶路，是中俄两国以茶增友谊的有利佐证。

2. 茶艺表演各要素的设计

（1）以实物呈现茶台布局与茶席设计。本套茶艺表演反映的是中俄两国的茶饮文化，在茶台布局中尽量还原两国茶饮习俗。舞台的侧后方摆放圆形茶桌，茶席铺垫为俄罗斯风格的方格布，席面摆放俄罗斯茶炊"萨马特"（音译）、两套茶杯及调饮的牛奶和糖缸，采用现代坐式泡茶；舞台的中心偏右摆放古朴的长型矮桌，茶席铺垫为中国传统风格的蓝布，席面摆放陶器茶具，采用古时煮茶法。两个茶台之间用一根长长的黄色宽边丝带连接，寓意漫漫茶路；一台极具沧桑感的鸡公车摆放在舞台一角，仿佛诉说着茶路艰辛运输的历史。

（2）以故事的形式塑造茶艺人物和搭配茶艺表演服饰。本茶艺选择了四位茶艺表演者，其中一男一女着俄罗斯服装出场，以较为欢快的形式表现俄罗斯民间的以茶传情，另两位女茶艺师则随着程序的推进，以轻柔的形式进行湖北羊楼洞砖茶的煮茶表演。

（3）以叙事的手法进行屏幕背景设计与配乐。整个茶艺表演中，背景设计和音乐分为 3 个部分呈现，第一部分在俄罗斯民歌《喀秋莎》的低声伴奏下，一对青年男女载歌载舞地出场，以茶表达相互的爱意，屏幕背景表现出俄罗斯风情的茶饮文化；第二部分通过饮茶思源，屏幕表现湖北羊楼洞砖茶的制茶、运茶、煮茶过程；第三部分当长长的丝带拉起时，屏幕表现中俄万里茶路的茶缘情，以朴质的古琴曲《古琴之约》贯穿第二部分直至茶艺表演结束。两首曲子衔接时采用了渐隐的方式。

（4）通过泡茶过程体现不同的茶饮文化。茶艺表演中，用茶炊泡茶，并以调饮的方式体现俄罗斯人民传统的茶饮文化；以碾茶、包茶、煮茶的方式呈现我国砖茶的茶饮文化。

（三）茶艺表演解说词的撰写

本套茶艺表演的解说词打破了传统程式化的撰写模式，融入了俄罗斯民歌、中国诗词等，以唯美的叙事方式将茶香、丝路、中俄友情表现得极具感染力。解说词分为3个部分。

第一部分表现俄罗斯茶饮文化。正当梨花开遍了天涯，河上飘着柔曼的轻纱，俄罗斯的姑娘正陪伴着远方归来的恋人煮茶诉情。暮霭倾辉，月影渐显，茶炊载情，相彰熠闪，薄雾萦绕，弦乐潺潺。姑娘微敲茶砖，将其轻柔地放入壶中，珍惜一点一滴一丝一茶，因为这茶来自东方的国度，来自飘香的洞茶。

第二部分表现中国砖茶文化。"羊楼古巷青石出，洞庄百年木楼秋。"吱呀作响的鸡公车载着茶砖碾在石板路上，压出条条深槽，它在诉说着久远的丝路繁华，此时茶釜中的沸水也等待着茶砖的惊鸿一瞥。

（煮水、温杯）小鼎煎茶面曲池，三川入盏沐瓯杯。

（投茶、洗茶）千载修得茶香绕，观音泉韵洗风流。

（注水、正泡）雪乳已翻煎处脚，松风忽作泻时声。

（出汤、赏色）青饼拍成和雨露，玉尘煎出照烟霞。

（分茶、品茶）此时更有楚江月，照出菲菲满碗花。

第三部分表现中俄茶路茶情。顺长江、逆汉水、越重岭、穿沙漠。一片小小的茶砖承载醇绵的友谊，一片小小的茶砖也谱写着厚重的史诗：万里异域风情在，百年难舍茶情浓，丝带犹如近咫尺，和谐共温人世情。

● **实训项目**

茶艺表演创编

实训时间：实训授课4学时，共计180分钟，其中示范讲解20分钟，学员操作分130钟，考核测试30分钟。

实训器具：玻璃杯、盖碗、紫砂壶、茶艺用品组、茶盘、茶荷、随手泡、水方等，茶适量。

实训方法：（1）示范讲解；（2）学员分成5人/组，在操作室进行操作练习。

操作步骤	主要内容及标准
主题设计	通过创编背景的思考，确定茶艺表演的主题
确定茶艺表演人员	按照主题要求选择合适的茶艺表演人员，确定主泡、副泡等
布置背景	按照主题要求布置背景，如屏风、幻灯片制作等
选择背景音乐	选择符合主题的茶艺背景音乐，古筝、古琴、轻音乐等
设计茶席	根据主题设计好茶席，并布具
解说词撰写	根据主题，完成解说词撰写，力求简洁、生动、富有感染力
茶艺现场表演	按照茶艺表演程序（行礼、洁具、冲泡、奉茶等环节）完整的进行茶艺过程的表演

● **实训考核**

技能评分表

组别：＿＿＿＿＿＿＿＿　　　　姓名：＿＿＿＿＿＿＿＿

考核内容	考核要点	分值	组内互评	组间互评	教师评价
主题与创新	主题鲜明、有原创性	2			
茶席与空间	布局合理、茶器相宜	1			
程序与演绎	程序合理、技法熟练	2			
形象与礼仪	体态端庄、礼仪相符	1			
茶汤质量	茶汤适量、色相味觉俱佳	3			
解说与音效	词美意深、富有感染力	1			
总　　分		10			

课后练习

一、单选题

1. 以唐、宋、明、清代茶艺命名的茶艺表演类型是按照（　　）来划分的。
    A. 茶叶分类　　　　B. 茶具类型　　　　C. 不同民族　　　　D. 时代特征
2. 茶艺表演中灯光一般要求（　　）。
    A. 柔和　　　　　　B. 炫目　　　　　　C. 昏暗　　　　　　D. 透亮
3. 茶艺表演中彰显茶之韵，体现为（　　）。
    A. 和　　　　　　　B. 寂　　　　　　　C. 雅　　　　　　　D. 灵
4. 被称作茶艺表演灵魂的是（　　）。
    A. 主题思想　　　　B. 服饰　　　　　　C. 茶席设计　　　　D. 背景音乐
5. 茶艺表演是侧重表演性和（　　）的茶事活动。
    A. 随意性　　　　　B. 观赏性　　　　　C. 规范性　　　　　D. 日常性

二、判断题

1. 表演型茶艺为体现茶艺主题，程序宜复杂且烦琐。（　　）
2. 茶艺表演以参与茶事活动的茶人的身份不同进行分类，可分为宫廷茶艺、文士茶艺、宗教茶艺、民间茶艺等。（　　）
3. 茶席布置是茶艺表演的灵魂。（　　）
4. "和"既是中国茶道的核心，也是中国茶艺的灵魂。（　　）
5. 茶艺表演一般都要体现热闹的场景。（　　）

第九章
茶席与茶席设计

学习目标

1. 了解茶席及茶席设计的含义。
2. 熟悉茶席设计的构成和方法。
3. 运用所学理论熟练掌握主题茶席设计的程序。

实训目标

1. 掌握各类主题茶席的设计方法，不断提高实训水平。
2. 勤于思考，敢于创新，将所学知识灵活地运用于茶席设计中。

本章导读

茶席设计是以茶具为主材，以铺垫等器物为辅材并与插花等艺术相结合，从而布置出具有一定意义或功能的茶席。茶席设计一般由主题、茶品、茶具组合、铺垫、点缀品、茶点搭配等相关元素组成。优秀的茶席作品能使人体会到茶艺的无穷乐趣。

第一节 茶 席

现代茶席指的是以茶为灵魂，以茶具为主体，在特定的茶室空间中，与其他艺术形式相结合，所共同完成的一个有独立主题的茶道艺术组合整体，是继陆羽创立"茶具组合"以来，经历代不断完善发展而来的。

一、茶席的定义

（一）茶席溯源

茶席从"席"字引申而来。席，指用芦苇、竹篾、蒲草等编成的坐卧垫具，如竹席、草席、苇席、篾席、芦席等，可卷而收起。席，后又引申为酒席、宴席，指请客或聚会酒水和桌上的菜。虽然唐代有茶会、茶宴，但在中国古籍中未见"茶席"一词。

"茶席"一词在日本茶事中出现不少，有时也兼指茶室、茶屋。例如《小川流煎茶·平

安宫献茶会》提到"茶席"一词："去年的平安宫献茶会，在这种暑天般的气候中举行了。京都六个煎茶流派纷纷设起茶席，欢迎客人。小川流在纪念殿设立了礼茶席迎接客人……略盆玉露茶席有 400 多位客人光临。"

韩国也有"茶席"一词，"茶席，为喝茶或喝饮料而摆的席"出于韩国观光公社一则广告文字，并有"茶席"配图。图中为一桌面上摆放各类点心干果，并有二人的空碗且空碗旁各一双筷子。

（二）当代茶席的含义

近年在中国台湾，"茶席"一词频频出现。童启庆主编的《影像中国茶道》首次提到"茶席，是泡茶、喝茶的地方。包括泡茶的操作场所、客人的坐席以及所需气氛的环境布置"。

茶席不同于茶室，茶席只是茶室的一部分。因此说，茶席泛指习茶、饮茶的桌席。它是以茶器为素材并与其他器物及艺术相结合，展现某种茶事功能或表达某个主题的艺术组合形式。

二、茶席布置的方法

（一）标准茶席布置

一席标准的茶席布置如图 9-1 所示，但在实际操作中，可按个人习惯稍作调整，如将煮水器放置于右手边，方便操作。

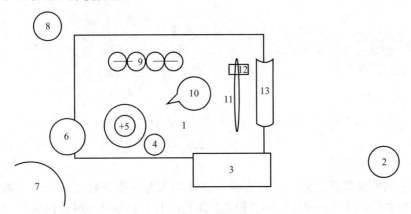

图 9-1　茶席布置图

1. 最大的长方形，是席面，即茶席的大地　2. 贮茶器（茶叶罐）3. 茶巾　4. 盖置　5. 主泡器
6. 水方　7. 煮水器　8. 花器　9. 茶杯　10. 公道杯　11. 茶则　12. 则置　13. 茶荷

（二）标准茶席布置的注意事项

（1）布局讲究章法，顾盼呼应。茶席构成的不变性，一方面指由泡茶器和公道杯构成的泡茶区，它位于席主的右前方，且公道杯始终处在泡茶器的外上位置，两者呈四十五度左右的夹角。另一方面指由茶杯排列组合构成的品茗区，与泡茶区域顾盼呼应。其他茶具可随意安置，但布局需协调适宜，同时不影响泡茶与分茶的便利性。

（2）茶席布置符合人体工学。一个基本的茶席，按照五人席（席主一人，客人四人）测算，这个茶席的平面长度最大为 3 米，宽度不超过 1 米，茶案高度应在 0.8 米以下。喝茶的案台宜稍矮一些，既有利于俯视和欣赏茶汤，也会因人体上臂的自然下垂，使人体的肌肉处于放松状态，从而让人们在品茗时，感觉会更加舒适自如。

（3）合理布置左右手茶席。左手席，是指用左手持煮水器，向泡茶器内完成注水动作；反之，右手持煮水器完成注水，就是右手席。根据左右手席的不同，合理布局煮水器、公道杯、水方、花器等。

（4）观赏茶席。完美的茶席，就像中国的插花一样，要从前、后、左、右四个方向去赏去观，横看成岭侧成峰，远近高低各不同。

三、茶席布置的艺术境界

宋代文人在唐代茶艺表演的基础上，形成了焚香、挂画、插花、点茶的"文人生活四艺"，反映了宋代茶人对营造冲泡、品饮环境的重视。此后，随着制茶工艺的改进，各种茶具的变化以及人们审美意识的增强，营造良好、舒适的冲泡、品饮环境受到了更广泛的关注。

1. 将茶席置于幽雅的自然环境中

明代，陆树声在《茶寮记》中，把"凉台静室，明窗曲几，僧寮道院，松风竹月，晏坐行吟，清谈把卷"作为品茗的上佳环境；冯可宾在《齐茶笺》里提出品茶十三宜："无事、佳客、幽坐、吟咏、挥翰、倘佯、睡起、宿醒、清供、精舍、会心、赏览、文僮。"其中所说的"精舍"与"清供"，指的就是雅致环境中的茶席摆置。古代几乎所有表现品茗内容的挂轴、壁画、拓片等，都将茶席置于幽雅的自然环境中。如元代冯道真壁画《童子侍茶图》（图 9-2），茶席置于室外的几株新竹前，一块硕大的假山石后，桃树正盛开着诱人的花朵。茶席上的茶具也摆放有致，洗净的茶碗叠扣在一起，贮茶的瓷瓶上还清楚地贴上写有"茶末"二字的字条，茶果茶点制作精美，装盘讲究，对称地摆放在贮茶瓶的两侧。其他如茶筅、茶则、茶盏、茶炉、茶釜等配置齐全，是一个较为典型的茶席摆置。

图 9-2 【元】冯道真《童子侍茶图》

2. 将艺术品件布置在茶席中

一些取形捉意于自然的艺术品件摆放在茶席中，不仅能提升品茗的雅境，更能使茶席符合文人雅士们会心、鉴赏的品位要求。宋徽宗的《文会图》中的茶席布置，除了典型的宋代茶瓶"汤提点"、带托茶盏、银制茶则及大量的茶碟外，所置的茶点茶果也盘大果硕，特别是几盆插花，造型优美，正舒展着花朵插在花瓶中。画面正中似是徽宗，正脱下外套，撸起白色内衣袖，让内心更自由自在地享受这美妙茶席带给自己的无比乐趣（图9-3）。宋代刘松年的《博古图》中，在室外的高大松树下，除摆置有茶具的茶席，还摆置了大量的古玩。

图9-3 《文会图》

拓展链接

左手茶席、右手茶席泡茶出汤小知识

1. 左手茶席，右手出汤

由左手完成注水的茶席，简称为左手席。由右手完成出汤后，右手持公道杯，先从主宾的位置开始，由左向右分茶。当从辅宾位置由右向左分茶时，要提前在身体中线的前方，把公道杯由右手手持，交错换手到左手手持，公道杯换手后，改由左手，由右向左依次分茶。左手分茶完毕，再由左手把公道杯交换到右手，由右手把公道杯放回到原来的位置。

2. 右手茶席，异曲同工

右手注水的茶席，简称右手席。针对的是左手活动比较精准、灵活的少数人群。右手席出汤方式，是右手手持煮水器完成注水，由左手分汤后，左手持公道杯，先从主宾位开始，由右向左分茶，其后在身体中线前，两手相错换手公道杯后，再用右手持公道杯，由左向右分茶。

● 实训项目

标准茶席布置与使用

实训时间：实训授课1学时，共计45分钟，其中示范讲解10分钟，学员操作25分钟，考核测试10分钟。

实训器具：紫砂壶、盖碗、壶承、公道杯、品茗杯（带杯垫）、茶叶罐、茶荷、煮水器、茶道组合、茶巾、水盂，茶品若干。

实训方法：（1）示范讲解；（2）学员分成6人/组，在操作室进行操作练习。

操作步骤	主要操作内容及标准
选茶具	根据所选的茶叶选择搭配的茶具
确定左右手茶席	根据平时操作习惯，确定左手席或右手席
布置泡茶区	由泡茶器和公道杯构成的泡茶区，位于席主的右前方，且公道杯始终处在泡茶器的外上位置，两者呈四十五度左右的夹角
布置品茗区	由茶杯排列组合构成的品茗区，与泡茶区域顾盼呼应
摆放其他茶具	按协调适宜，同时不影响泡茶与分茶的便利性的原则摆放其他茶具
检查茶席	从前后左右四个方向去赏茶席

● **实训考核**

技能评分表

组别：＿＿＿＿＿＿＿＿　　姓名：＿＿＿＿＿＿＿＿

考核内容	考核要点	分值	组内互评	组间互评	教师评价
茶具选择	与茶品的茶性相符	3			
茶席布置	布局合理，功能完备	3			
席面效果	席面整洁，摆放有度	4			
总　分		10			

课后练习

一、单选题

1. 我国历史上首次创立"茶具组合"的人是（　　　）。
    A. 王褒　　　　　B. 陆羽　　　　　C. 卢仝　　　　　D. 赵佶

2. 茶席的含义是从（　　　）字引申而来的。
    A. "席"　　　　　B. "雅"　　　　　C. "茶"　　　　　D. "静"

3. 由泡茶器和公道杯构成的区域，称为（　　　）。
    A. 观赏区　　　　B. 休闲区　　　　C. 品茗区　　　　D. 泡茶区

4. 一个基本的茶席，按照五人席（席主一人，客人四人）测算，这个茶席的平面长度最大为（　　　）米。
    A. 1米　　　　　B. 2米　　　　　C. 3米　　　　　D. 4米

5. 用左手持煮水器，向泡茶器内完成注水动作的席面，称为（　　　）。
    A. 左手席　　　　B. 右手席　　　　C. 上首席　　　　D. 下首席

二、判断题

1. 在中国古籍中很早就出现"茶席"一词。　　　　　　　　　　　　　（　　　）

2. 一个基本的茶席，按照五人席（席主一人，客人四人）测算，茶案高度应在 0.8 米以下。 （　　）

3. 右手持煮水器完成注水，就是右手席。 （　　）

4. 完美的茶席，应只从前面进行观赏。 （　　）

5. 茶席不同于茶室，茶席只是茶室的一部分。 （　　）

第二节　茶席设计

一、茶席设计的涵义

（一）茶席设计的概念

2005 年上海茶文化研究员乔木森在《茶席设计》一书中写道："所谓茶席设计，就是指以茶为灵魂，以茶具为主体，在特定的空间形态中，与其他的艺术形式相结合，所共同完成的一个有独立主题的茶道艺术组合整体。"因此，茶席设计就是以茶具为主材，以铺垫等器物为辅材，并与插花等艺术相结合，从而布置出具有一定意义或功能的茶席。

（二）茶席设计的基本原则

1. 突出主题原则

茶席的主题是对茶席设计内容的思想概括，所以成功的茶席设计主题必须明确，这样能使观者较好地理解作品的思想立意及艺术特征，从而产生精神上的共鸣。

不同的茶席有着不同的意境，凡是与茶相关的，且积极、健康、向上，能陶冶情操，能给人以美的享受的题材都可以作为茶席的主题，如以茶品为主题的茶席、以民族茶俗为主题的茶席、以茶事活动为主题的茶席、以茶人感悟为主题的茶席。

2. 茶叶与茶具搭配原则

茶席设计的基本特征是实用性和艺术性相融合。实用性决定艺术性，艺术性又服务实用性。因此，需根据不同茶类的特征来搭配茶具，达到和谐统一。如绿茶，其特征是"清汤绿叶"，冲泡时宜选择壁薄、易于散热、质地细密、孔隙度小、不易吸香的茶具为宜，如玻璃杯、薄胎瓷质杯具；乌龙茶香气馥郁、滋味醇厚，可选用紫砂茶具；红茶为"红汤红叶"，宜用白瓷冲泡，用玻璃公道杯赏汤色；黑茶可用较粗砂粒的紫砂茶具，突出黑茶陈香的特点。

3. 突出艺术美原则

茶席设计即品茶环境的设计，属于茶艺的静态表现。为了更好地营造出泡茶、饮茶的环境和氛围，茶席设计中要精心创意，认真准备，从选茶、备器，到茶具下面的铺垫、插花、挂画等物品的摆设，都要围绕茶席的主题。不仅要让茶叶、茶具等物品搭配得当，还要求整体色调协调一致，而且要蕴含较深层次的寓意。茶席设计不是单纯的茶具展示，也不是简单的茶艺表演，而是人们艺术的品茶之地。

4. 实用性原则

茶席的美感不在于豪华的茶具，而在于巧思与品位，简洁到一壶一杯一个小小茶托，也可以是茶席。所以，在现代的茶席设计中，纯粹仿古已经不再是主流，更多地强调生活化的气息，强调茶席的实用性与功能性的统一。实用性，就是便于铺设，易于收纳；功能性，则是指与居室的协调，针对客厅、卧室、阳台、办公室等不同风格空间分别设计；通过茶席，来呈现茶席主人的生活品位，满足使用者心理需求。

二、茶席设计的基本构成

茶席设计一般由主题、茶品、茶具组合、铺垫、点缀品、茶点搭配等相关元素组成（图9-4、图9-5）。其中茶具是不可或缺的主角。其余辅助元素对整个茶席的主题风格具有渲染、点缀和加强的作用，在设计时可以根据主题要求，选择全部或部分辅助元素与茶具组合配伍。此外，还进一步可以添加音乐、表演者服饰设计、表演流程设计等活动因素，使静止的茶席动起来。

图9-4　茶席作品1　　　　　　　　　图9-5　茶席作品2

（一）主题——茶席设计的中心思想

茶席设计时，要先决定所要表现的主题，然后依照这个主题及可能应用的素材勾画出蓝图，接着将之表现出来。这个主题必须具有鲜明、准确、概括的特征。

（二）茶叶——茶席设计的灵魂

茶席的布置主题先行，确定主题后，陆续选择相应的茶席元素。首先是茶，有了茶，才会产生茶席，因此，茶是茶席设计的灵魂，通过茶席与茶汤的相互呼应，创造出优雅的品茗空间，进而达到宾主尽欢的情境。

茶的种类丰富多彩，有绿茶、红茶、黄茶、白茶、黑茶……；茶的形状千姿百态，有针形、扁形、雀舌形……；茶的名称诗情画意，如庐山云雾、龙岩斜背、凤凰单丛、九曲红梅……；有许多很好的茶席设计作品，如"龙井问茶""普洱遗风""大佛钟声"等，都是直接因茶而发的。

茶艺实训教程◎

（三）茶具——茶席设计的焦点

选择匹配的茶具，这是整个茶席中的焦点，往往茶具的特色有启发主题的作用。茶具组合的个件数量一般可按两种类型确定，一是必须使用而又不可替代的，如壶、杯、罐、则（匙）、煮水器等；二是齐全组合，包括不可替代和可替代的个件。备水用具有水方、煮水器、水杓等；泡茶用具有茶壶、茶杯（茶盏、盖碗）、茶则、茶叶罐、茶匙等；品茶用具有茶海、品茗杯、闻香杯、杯托等；辅助用具有茶荷、茶针、茶夹、茶漏、茶盘、茶巾、茶船、茶滤及托架、茶碟、茶桌（茶几）等。

茶具组合既可按规范样式配置，也可创意配置，而且以创意配置为主。既可采用齐全配置，也可采用基本配置。创意配置、基本配置、齐全配置在个件选择上随意性、变化性较大，而规范样式配置在个件选择上一般较为固定，主要有传统样式和少数民族样式。如唐代煎茶组合、台湾工夫茶具组合、傣族竹筒茶茶具组合等。

（四）铺垫——茶席设计的烘托

铺垫是指茶席整体或局部物件下方的铺垫物，如图 9-6、图 9-7 所示。

图 9-6　铺垫 1　　　　　　　　　　　图 9-7　铺垫 2

1．铺垫的作用与类型

（1）使茶席中的器物不直接触及桌面、地面，以保持器物的清洁，并以自身的特征和特性，辅助器物共同完成茶席设计的主题。

（2）铺垫的类型：棉布、麻布、化纤、蜡染、织锦、绸缎、手工编织、竹编、草秆编、树叶类、纸类、石类及不铺类等，应根据茶席设计的主题与立意要求，以对称、烘托、反差、渲染等手段加以选择，同时运用不同的铺垫形状如正方形、长方形、三角形、圆形、椭圆形、几何形和不规则形等来表现层次感，进而体现不同的地域和文化特征。

棉布：运用于表现传统及乡土题材。

印花：运用于表现自然、季节、农村类题材。

织锦：运用于表现宫廷题材。

2．铺垫的色彩原则及方法

（1）色彩原则：单色为上，碎花次之，繁花为下。色彩和花式是表达感情的重要手段，不同色彩和花式的铺垫，会不知不觉地影响着人们的精神、情绪和行为。

（2）铺垫的方法：平铺、对角铺、三角铺、叠铺、立体铺等。不同铺垫方法的组合，使茶席所表现的意境变得更加丰富。

（五）点缀品——茶席设计的点睛

点缀品是上述席面布置元素之外的装饰，主要是为了构建一个和谐的茶席微环境。目前常用到的素材有大型盆栽、装饰画、传统风格字画挂轴、屏风、工艺美术品，如竹匾、民族乐器、博古架、剪纸和软装饰布帘等，这些都能为茶席的空间营造出一份别致的韵味和闲趣。

1. 插花

茶席中的插花，目的在于体现茶的精神，因而具有崇尚自然、朴实秀雅的风格，并富含深刻的寓意。其基本特征是简洁、淡雅、小巧、精致。如图9-8、图9-9所示。

（1）茶席插花的形式一般可分为直立式、倾斜式、悬挂式和平卧式4种。

直立式是指鲜花的主枝干基本呈直立状，其他插入的花卉，也都呈自然向上的势头。

倾斜式是指第一主枝呈倾斜状的插花。

悬挂式是指以第一主枝在花器上悬挂而下为造型特征的插花。

平卧式是指全部的花卉在一个平面上的插花样式。茶席插花中，平卧式不常用。

（2）茶席插花所选的花材有松、梅、兰、芭蕉、柳、水仙等，且尽量选择当季花材，表现出时令的节气意境。花材也不一定要放置在瓶中，也可将花朵摆在茶席或茶盘上，则别具有一番风味。

（3）茶席插花的花器是茶席插花的基础和依托，是茶席上最重要的元素，茶席美学要彰显的不是茶器的价格，而是要强调茶器背后的文化内涵。茶席插花的花器质地一般以竹、木、草编、藤编和陶瓷为主，以体现原始、自然、朴实之美。

图9-8　插花1

图9-9　插花2

2. 焚香

在茶事活动中焚香可使环境更幽雅，使品茶人获得嗅觉上的美好享受。茶席中常使用

的香型有檀香、沉香、龙脑香、茉莉等。

茶席在选择香时要遵循"香的香味不与茶香冲突"的原则。表现宗教和宫廷类茶道的茶席，或在春天、冬天举行的茶席活动都可以焚较重的香品；表现生活内容的茶席，在夏天或较小的空间举行的茶席都宜焚较淡的香品。

3．挂画

茶席中的挂画是指以挂轴的形式，悬挂在茶席背景中的书与画的统称。书以汉字书法为主，画以中国画为主。文字内容多用来表达超脱的人生境界、态度，以乐生的观念来看待茶事，表现茶事。例如，以各代诗家文豪们对于品茗意境、品茗感受所写的诗文诗句为内容，用挂轴、单条、屏条、扇面等方式陈设于茶席之后作背景。绘画以表现松、竹、梅的"岁寒三友"及水墨山水为多。

4．相关工艺品

茶席中不同的相关工艺品与主器具的巧妙配合，往往会唤起人们的某种记忆，使茶席获得意想不到的艺术效果。如图9-10、图9-11所示。

相关工艺品范围很广，如珍玉奇石、穿戴首饰、文具玩具、生活用品、乐器、民间艺术品、宗教法器、农产品、文玩古董等，只要能表现茶席的主题，都可进行运用。所运用的工艺品，能有效地陪衬、烘托茶席的主题，但不要喧宾夺主。

图9-10　工艺品1

图9-11　工艺品2

5．背景

茶席的背景形式总体有室外（图9-12）和室内（图9-13）两种形式。室外以树木、竹子、假山、街头屋前等为背景，室内以舞台、窗作、廊口、玄关、博古架等作背景。

图9-12　室外席

图9-13　室内席

（六）茶点搭配——茶席设计的风景

茶果茶点是指在饮茶过程中佐茶的茶点、茶果和茶食。其主要特征为分量少、体积小、制作精、样式雅，如图9-14所示。

茶点分为干点（云片糕、小蛋糕等）和湿点（小汤圆、烧卖等）两种；茶果分为干果（葡萄干、话梅等）和鲜果（西瓜、草莓等）两种；茶食主要指瓜果的果实（杏仁、开心果等）。

茶果茶点的选配方法，应根据茶席中不同的茶品和茶席表现的不同题材、不同季节、不同对象来配制。对不同茶品的配制，中国台湾的范增平先生归纳为甜配绿、酸配红、瓜子配乌龙。

图9-14　茶食

在茶果茶点的盛器选择上：干点宜用碟，湿点宜用碗，干果宜用篓，鲜果宜用盘，茶食宜用盏。

茶果茶点一般摆置在茶席的前中位或前边位。总之，只要巧妙配制与摆放，茶果茶点也是茶席中的一道风景。

三、茶席设计的结构

（一）中心结构式

1．中心结构式的定义

中心结构式是指在茶席有限的铺垫或茶席总体表现空间内，以空间距离中心为结构核心点，其他各因素均围绕结构核心来表现各自的比例关系的结构方式，如图9-15所示。

图9-15　中心结构式

2．中心结构式的表现形式

中心结构式的核心，往往都是以主器物的位置来体现。在茶席的诸种器物中，担任茶的泡、饮角色的器物——茶具，是茶席的主器物。而直接供人品饮的茶杯，又是主器物的核心器物。

中心结构式还必须要注意大与小、上与下、高与低、多与少、远与近、前与后、左与右的比例关系。

（二）多元结构式

1. 多元结构式的定义及特点

多元结构式又称非中心结构式。多元是指茶席表面结构中心的丧失，而由铺垫空间范围内任一结构形式的自由组成。

多元结构形态自由、不受束缚，可在各个具体结构形态中自行确定其各部位组合的结构核心。结构核心可以在空间距离中心，也可以不在空间距离中心。只要符合整体茶席的结构规律并能呈现一定程度的结构美即可，如图9-16所示。

图9-16　多元结构式

2. 多元结构式的表现形式

多元结构的一般代表形式有流线式、散落式、桌和地面组合式、器物反传统式、主体淹没式等。

流线式以地面结构为多见。一般常表现为地面铺垫的自由倾斜状态。

散落式的主要特征，一般表现为铺垫平整，器物基本规则，其他装饰品自由散落在铺垫之上。

桌和地面组合式基本属现代改良的传统结构方式，其结构核心在地面，地面承以桌面，地面又以器物为结构的核心点。

器物反传统式多用于表演型茶道的茶席。此类茶席，首先表现为茶器具的反传统样式以达到使用动作的创新化，其次在器物的摆置上，也不按传统的基本结构进行。

主体淹没式常见于一些茶馆的环境布置，具体表现为结构大于茶席的空间，器物大于茶具，实用性大于艺术观赏性。

四、茶席设计实例

（一）实例1

【茶席主题】山林野趣（图9-17）

【茶品选择】金骏眉

【器具的选择】煮水：铁炉、生铁壶。用水：山泉水。瀹器：紫砂壶。公道杯：日本备前烧公道。茗杯："惠风窑"无光白釉高足盏。茶托：山石片。呈盘：藤竹器。花材：蕨、野姜花。

花器：一溪流水。香器：自制青瓷香插。香品：线香。

【铺垫】采用不铺，以茶盘本身为铺垫

【结构方式】本茶席结构采用中心结构式，以紫砂壶为中心，前方摆放茗杯。表现了在寂寞的山林里尽情地"独享风景"的感觉。

图 9-17　茶席设计 1

（二）实例 2

【茶席主题】供清（图 9-18）

【器具的选择】银壶、子冶石瓢壶、白瓷品杯、斑竹茶则、陶制匀杯

【铺垫】采用白色的宣纸铺垫

【结构方式】本茶席结构采用中心结构式，古时，一切可供赏玩之雅品，谓之"清供"。而今，效古人做事之真辟，事茶为"供清"。洁白的宣纸，体现古人之心境，上面摆放着的茶具，精致古朴，充满着历史的气息。烧水的银壶，泡茶的紫砂壶，品饮的老杯，充分体现了古人的饮茶生活。

图 9-18　茶席设计 2

拓展链接

茶席摄影技巧

1. 巧妙运用环境中的植物元素

喝茶环境一般是幽静的，茶事发生处都不乏植物、盆栽的身影。因此，我们可以借用一点植物的元素，将其放在茶照片上。技巧上，植物作为前景或者背景，可以增加画面的层次、丰富画面的色彩；意境上，让闲暇里生出了一抹生机。无论怎样都是好的。

如果你觉得直接在照片中加入植物太过寻常，可以融入一点创想。比如，利用盆栽制造出阴影的效果。盆栽的阴影除了填充了背景中的空白，使画面更加丰富，还赋予了照片一定的温度，让你能够感受到当时阳光的力度，让环境变得有趣味。

2. 适当在场景中加入色彩元素

照片的色彩太杂乱是不合适的，可以采用一个摄影后期技巧，就是调成黑白，分分钟可能变"大片"。同样，当前期发现要拍摄的场景颜色略微死板，你也可以人为地添加一些色彩，会有意想不到的惊艳。

想拍出美美的茶照片，建议是：绿色就很好。例如拍摄柑普这类棕褐色的茶汤，你可以配搭翠绿色的树枝。这样能营造出一种视觉上的跳跃，对比中的活泼，也带来一点生机。而拍摄绿茶这类汤色青浅的茶，则可以选择嫩绿色的枝叶，同茶叶、茶汤形成一种视觉上的渐变，使画面的过渡充满了节奏感，让照片透出舒适与柔美。

3. 在场景中巧构形状元素

在闲时喝茶聊天，也会在工作日泡上一杯茶抚去忙碌的倦意。情景很饱满，但是怎么才能把这日常记录得好看呢？

建议合理地选取场景中的说明性物件，来制造一点形状。例如看书喝茶，便可以利用茶杯口的类圆形、书本呈现的矩形进行搭配，通过不同的形状来增加视觉的冲突感。同时，又能记录下自己所度过的有趣时光。

进阶一点的，则是不必要呈现出图形的全部，你可以利用物体的轮廓，将画面切割出图形。例如工作的场景下，可以加入笔、笔记本来切割画面，形成新的图形。

4. 善于发现弱光环境中的高光元素

在喝茶的时候，或多或少会经历一些光线较暗的环境。拍摄条件的不理想，或许是遭遇曝光不足，细节丢失严重；或许是曝光需要的时间略长，镜头抖动照片容易糊掉……这个时候可以寻觅环境下的高光点来拯救一下，走意境美的道路，较暗的光线已经弱化周围环境对视线焦点的干扰，利用高光勾勒出茶器的形状，这样也可以凸显出茶的主题，并且拥有遐想的空间。

5. 对场景元素进行把控

对茶汤或者茶器的特写，能清晰地感知到细节，对整体场景的把控，则可以保持图片所包含的故事的完整性。保留环境中必要的元素，先通过构图这一技巧，将要表达的茶主体放到一个醒目的位置；同时尽可能地减少环境对茶元素的干扰，可以通过裁图，选用更加合适的图片比例，抹掉背景中多余的部分。这一技巧如运用巧妙，甚至可以让环境起到美化和衬托的效果。

● **实训项目**

茶 席 设 计

实训时间：实训授课 4 学时，共计 180 分钟，其中示范讲解 20 分钟，学员操作 130 分钟，考核测试 30 分钟。

实训器具：紫砂壶、盖碗、壶承、公道杯、品茗杯（带杯垫）、茶叶罐、茶荷、煮水器、茶道组合、茶巾、水盂，茶品若干；保证充足的茶席设计素材供学生选择。

实训方法：（1）示范讲解；（2）学员分成 6 人 / 组，在操作室进行操作练习。

操作步骤	主要内容及标准
确定茶席主题	依照给定的"感恩、迎春、思乡、童年"这四个主题及可能应用的素材勾画出蓝图
确定茶席结构	确定茶席采用中心结构式还是多元结构式
选择并铺设铺垫	根据主题选择不同颜色、不同质地的铺垫
选择并摆放茶品	根据主题选择合适的茶品
放置匹配的茶具	根据所选茶品，选择能充分体现茶性的茶具
点缀茶席	用不同的装饰物来体现主题
布置背景	可选择户外或室内的背景衬托茶席
观赏茶席	从不同角度观赏茶席的设计并做调整

● **实训考核**

技能评分表

组别：_____　　　姓名：_____

考核内容	考核要点	分值	组内互评	组间互评	教师评价
茶席设计	设计新颖，功能完备	3			
紧扣主题	主题鲜明，富有创造力	3			
团队合作	分工协作，相互促进	4			
总　分		10			

课后练习

一、单选题

1. 茶席中心结构式的核心，往往都是以（　　）的位置来体现的。
   A. 主器物　　　B. 点缀物　　　C. 背景　　　D. 茶果
2. 现代的茶席设计中，强调茶席的实用性与（　　）的统一。
   A. 仿古性　　　B. 美观性　　　C. 功能性　　　D. 相关性
3. 茶席设计的灵魂是（　　）。
   A. 茶具　　　B. 茶叶　　　C. 铺垫　　　D. 茶点

4. 棉布铺垫主要用于（　　　）题材的茶席。

    A. 宫廷　　　　　　　B. 季节　　　　　　　C. 乡土　　　　　　　D. 宗教

5. 中心结构式的核心，往往都是以（　　　）的位置来体现。

    A. 煮水器　　　　　　B. 背景　　　　　　　C. 点缀物　　　　　　D. 主器物

二、判断题

1. 茶果茶点一般摆置在茶席的前中位或前边位。　　　　　　　　　　　　（　　　）

2. 茶席铺垫的色彩原则是：单色为上，碎花次之，繁花为下。　　　　　　（　　　）

3. 茶席中插花的基本特征是：华贵、高档、鲜艳。　　　　　　　　　　　（　　　）

4. 不同茶品可选用相同的茶果与茶点。　　　　　　　　　　　　　　　　（　　　）

5. 茶席选香时应以香气扑鼻为适宜。　　　　　　　　　　　　　　　　　（　　　）

第十章
茶会的组织

学习目标

1. 了解茶会的种类与茶会设计的方法。
2. 熟悉各种茶会的组织、准备与实施。

实训目标

1. 掌握各类主题茶会的设计方法，提高实训水平。
2. 通过无我茶会的组织与实施，推动茶文化的传播。

本章导读

茶会是一场关于茶的盛宴，也是一场关于茶的雅集。从茶席的布置、插花、煮水到瀹茶、分茶、品茗、回味，都需认真准备与实施，主客双方都需怀着一期一会的心情来对待茶会。

第一节　茶会的设计

中国唐代饮茶之风盛行，社会上也很流行茶宴，宾主在以茶代酒、文明高雅的社交活动中，品茗赏景，倾吐胸臆。唐代吕温在《三月三茶宴序》中，对茶宴的优雅气氛和品茶的美妙韵味作了非常生动的描绘。在唐宋年间，人们对饮茶的环境、礼节、操作方式等饮茶仪程都已很讲究，有了一些约定俗成的规矩和仪式，茶宴已有宫廷茶宴、寺院茶宴、文人茶宴之分。

一、茶会的种类

茶会是以茶为媒介达到欣赏泡茶、品尝茶汤和朋友联谊目的的宴会。

（一）按品茗方式划分

流水式：无编排特定座位，宾客可任意参观及入席品茗。
座席式：按事先报名顺序安排席次，宾客在特定时间入座特定席次品茗。
游园式：场内无座位，宾客自由走动欣赏或立席前品茗。

（二）按茶会性质划分

联谊性茶会：以茶会的形式庆祝某个特别的纪念日，设数十茶席，来宾在茶席间一面

喝茶一面交谈。

纯品茗茶会：邀请茶友、泡茶师举办茶汤作品欣赏会，茶友坐在每席泡茶师面前欣赏泡茶师泡茶并品饮他们的茶汤，如图10-1所示。

曲水茶会：分坐曲水的两侧，茶师在上游泡茶，茶汤乘羽觞（小舟）顺流而下，大家从羽觞上取盅倒茶到自己的杯子中饮用，茶食也以此方式供应，如图10-2所示。

无我茶会：大家自备茶具、茶叶、热水，围成一圈泡茶，依同一方向奉茶，依事先约定的程序进行，不设指挥，是强调"无"的一种茶会形式。

图10-1　纯品茗茶会　　　　　　　　图10-2　曲水茶会

二、茶会设计

（一）茶会举办的五要素

对茶会这件事，古人说得最直白："饮茶以客少为贵，众则喧，喧则雅趣乏矣。独啜曰幽，二客曰胜，三四曰趣，五六曰乏……"虽然如今的茶会不以人数多少来判断雅趣与否，但是茶会的举办者在组织一场茶会之前严格把控好茶会的五大要素，就完全可以举办一场成功的雅韵茶会。

1. 明确茶会主题

茶会的主题没有任何限制，但一定要围绕与"茶"相关的元素来策划和构思，让茶可以有充分的理由延伸到每一个领域。比如"二十四节气茶会"以二十四节气为主题，立春、惊蛰、芒种就是主题；一款新茶、老茶开汤，茶品品鉴就是主题；音乐、书籍、茶器、茶服、诗歌、咏春、采茶等都可以是茶会的主题。

2. 约定茶会时间

根据茶会主题和程序预定茶会日期及具体时间，茶会举办的时间决定了参与者的人数。一般不建议安排在法定假日，因为在难得的假期大家都会选择出游或与家人相聚。如果是在户外举办，需提前查看当天天气情况。

3. 选好茶会地点

茶会无论是选择在户外风景优美的草地、花园，还是室内礼堂、创意空间，都需提前考察，重点考虑空间的合理性，场地供水加热是否方便，是否符合古琴演奏、花艺、香道表演的氛围。

此外，茶会的地点还和参与者的人数密切相关，无论是大型茶会还是小型茶会，都要考虑如果人数超员如何安排，人数过少又如何解决冷场的问题。茶会不适合在喧嚣的地方，也不适合在密闭不通风的环境里。另外，茶会地点附近是否堵车，是否有充足的停车位等也要考虑在内。根据上述因素最终选出合适的茶会场地。

4. 明确茶会参与者

茶会的主角离不开茶，也离不开茶人。茶会的参与者包括两类：主讲嘉宾和普通参与者。大型茶会需要专业主持人，主持人要提前熟悉茶会流程、嘉宾身份并具备控场能力。茶客来参加茶会就是最大的支持，举办者务必做好服务工作，让参与者找到参与感，"乘兴而来，尽兴而归"。

5. 完善茶会内容

茶会的内容和环节是核心，环节设置不可离题或太宽泛，可以参考"曲线原则"，最核心的内容放在中间，开场缓慢进入到高潮再回落结尾，定会让参与者产生意犹未尽的感觉。茶会的内容在茶会开始前进行预演，预想可能存在的问题并准备好解决方案；在茶会结束后进行总结，最好有摄影和文字记录，方便以后翻阅，有助于办好下一场茶会。

拓展链接

茶会参与者的礼仪

茶会的一点一滴，体现着参与人的心态与修养。作为一个茶会参与者，怀着一颗感恩的心是最重要的。那么，如何才能优雅地赴一场茶会呢？应注意以下几点。

（1）准时到达场地，最好能提前到达熟悉环境，签到后，要认真阅读茶会的约定，并服从茶会工作人员的安排。

（2）衣着素雅得体，不浓妆艳抹，不使用味道浓烈的香水。

（3）入席前，要询问或寻找自己在茶席的落座位置，对号入座。

（4）注意基本的礼貌，手机提前调成静音或震动，不大声喧哗，也不要总是低头看手机，如果一定要接电话，请轻声离席，不要干扰茶会进行。

（5）席主泡茶时，在座的人员尽量不要讲话，不隔席、隔人大声说话，相邻人员如需交流，声音以不影响第三人为佳。

（6）茶会进行过程中，要遵从茶会的规定，不能随意拍照或离席走动拍照，以免影响茶会的秩序与他人情绪的安定。

（二）茶会布置的基本原则

1. 茶席布置需简洁明快

茶会上的每一个茶席布置都需紧扣主题，采用与主题相关的色调及器物。席面设计尽可能朴实、素丽、脱俗、雅致。

2. 茶会空间布置需留白

对茶会空间进行多维度的区隔，充分利用横向、纵向、纵深的空间，以实现错落有致、呼应互动。在划分空间时可以选用不同材质的装饰物，如屏风、棉麻、珠帘等来表达茶空间的灵动与层次感，意境上有留白。

3. 茶会环境布置需意趣盎然

在茶会环境氛围的营造上，要求时令花卉、绿植等装饰物的配置稀疏有致、斑斓有序且富有生机。

三、茶会的准备

要想举办一场成功的茶会，准备工作是极其重要的，涉及场地布置、茶品茶具准备、茶单撰写、告示等工作。

（一）场地布置

1. 座席布置

座席布置根据茶会形式而定。

流水席适用于节日、纪念、研讨会、联谊等茶会，在会场中可设名茶展示台，分设几处泡茶台，并根据所泡茶的种类做相应风格的环境布置，供应与茶性相配的茶食。采用这种形式，宾客有较大的自由度，可以随时与想交谈的对象讨论、聊天。

固定席适用于茶艺交流、名茶品尝和主题突出的节日、纪念、研讨、联谊等茶会。一般均为大型茶会，大家都坐下来，一起观看茶艺表演，仅少部分人能品尝表演者泡的茶，其他人均由专供茶水的茶艺员奉茶。这种座席要根据参与人数进行布置，应便于来宾通行和观看。

2. 茶会装饰

可以用名家书画、时令花卉、盆景布置等衬托主题，营造茶会气氛。如图10-3、图10-4所示。

图10-3　茶会装饰1　　　　　　　　　　图10-4　茶会装饰2

（二）茶具、用具准备

根据邀请的人数准备茶杯、茶叶、热水瓶、茶食、茶食盘、桌、椅等各种用具等。如图10-5、图10-6所示。

图10-5　茶具准备1　　　　　　　　　　图10-6　茶具准备2

（三）休息准备室

茶艺表演队需预先放置好茶道具、化妆、换服装、放置各人随带衣包等，故要有相应的休息准备室。应在表演场所就近设置休息准备室，以利于出场和退场。若不可能，则要在表演台处布置后台，按表演顺序依次进入后台准备好茶道具，休息、化妆和换衣服则设置在别处。

（四）告示

在茶会不分发程序册的情况下，为使与会者明确茶会的程序安排，在会场入口处和休息准备室应有告示，张贴茶会程序。

（五）指示牌

对公共设施要有明确的指示牌，如衣帽间、洗手间等。

（六）茶单

茶会茶单是一个线索，贯穿整场茶会。客人手捧茶单的感受是重要的，纸的触感、设计的表现都与这场茶会主题紧密关联。如图10-7、图10-8所示。

图10-7　茶单1

图10-8　茶单2

（七）对茶会工作人员的培训

大型茶会需要多人进行茶会服务，在茶会举办前需进行岗位培训，以确保茶会有条不紊地进行。

● **实训步骤**

茶会的准备

实训时间：实训授课1学时，共计45分钟，其中示范讲解10分钟，学员操作25分钟，考核测试10分钟。

实训器具：紫砂壶、盖碗、壶承、公道杯、品茗杯（带杯垫）、茶叶罐、茶荷、煮水器、茶道组合、茶巾、水盂，茶品若干。

实训方法：（1）示范讲解；（2）学员分成6人/组，在操作室进行操作练习。

操作步骤	主要内容及标准
席次安排	确定泡茶台数量、席位数量，茶艺师及参会来宾的行走路线
茶人工作分配	确定主泡者、助手席、客人席的安排
气氛布置	根据主题需要进行插花、点香、艺品等布置，根据茶会风格选择合适的音乐
工作间的安排	检查水房、水涤台、操作台、用品陈列架、储藏室的准备工作
衣帽间和洗手间的整理	检查方便宾客放置衣物或是物品的空间以及宾客洗手、整理仪容仪表的空间
庭院布置	根据主题，布置涌泉、花木等，营造意境
预演	对人员进行培训，预演整个茶会的进行

● **实训考核**

技能评分表

组别：_____　　　　　　　姓名：_____

考核内容	考核要点	分值	组内互评	组间互评	教师评价
茶会主题	明确、富有新意	4			
茶会准备	程序完整、布置得当	4			
团队协作	分工协作、安排合理	2			
总　　分		10			

课后练习

一、单选题

1. 茶会按品茗方式不同分为流水式、座席式和（　　　）。

　　A. 游园式　　　　　　B. 联谊式　　　　　　C. 交流式　　　　　　D. 研讨式

2. 以下哪一项不是茶会举办的五要素之一（　　　）。

　　A. 茶会时间　　　　　B. 茶会地点　　　　　C. 茶会内容　　　　　D. 茶会领导的致辞

3. 以下哪一项对茶会布置的描述是不正确的（　　　）。

　　A. 茶会环境布置需意趣盎然　　　　　　B. 茶会空间布置需留白

　　C. 茶席布置需简洁明快　　　　　　　　D. 茶会布置要繁复热烈

4. 举办茶会的目的不包括（　　　）。

　　A. 与会者参与欣赏泡茶　　　　　　　　B. 与会者品尝茶汤

　　C. 现场售卖茶品　　　　　　　　　　　D. 朋友联谊

5. 茶会的核心内容是（　　　）。

　　A. 茶会的收益　　　　　　　　　　　　B. 茶会的内容和环节

　　C. 茶会的形式　　　　　　　　　　　　D. 茶会的目的

二、判断题

1. 游园式茶会的场内无座位，宾客可自由走动欣赏或立席前品茗。　　　　　　（　　　）

2. 茶会不适合在喧嚣的地方，只适合在密闭不通风的环境里进行。　　　　　　（　　　）

3. 茶会固定席适用于茶艺交流、名茶品尝和主题突出的节日、纪念、研讨、联谊等茶会。　　　　　　　　　　　　　　　　　　　　　　　　　　　　　　　　　　（　　　）

4. 茶会席面设计尽可能繁复。　　　　　　　　　　　　　　　　　　　　　　（　　　）

5. 茶会茶单是一个线索，贯穿整场茶会。　　　　　　　　　　　　　　　　　（　　　）

第二节　无　我　茶　会

一、无我茶会的含义

（一）无我茶会概述

无我茶会是一种人人泡茶、人人奉茶、人人品茶的全体参与性茶会，最早由中国台湾陆羽茶艺中心的蔡荣章先生于 1990 年推出。后经多次实践改进，"首届无我茶会"于 1990年 12 月 18 日在中国台湾举办。蔡荣章先生说："无我茶会是一种茶道思想、一种茶会形式的名称，无我应被解释为'懂得无的我'。"

（二）无我茶会的基本形式

（1）茶友围成圈，人人泡茶、人人奉茶、人人品茶。

（2）到了会场临时抽签决定座次。

（3）茶友自备茶具、茶叶、泡茶用水。

（4）事先约定泡茶杯数、泡茶次数、奉茶方法、奉茶方向。

（5）席间没有指挥与司仪，一切按排定的程序进行。

（6）安静泡茶，席间不语。

（三）无我茶会的精神

无我茶会蕴含了七大精神。

1．无尊卑之分——抽签决定座次

无我茶会不设贵宾席，茶会参与者在茶会开始前通过抽签决定座次，不能挑选在中心地还是边缘地，在干燥平坦处还是潮湿低洼处，自己奉茶给谁喝和自己喝谁奉的茶，事先不知道。因此，不论肤色国籍，不论性别年龄，不论职业职务，人人都享有平等的待遇。

2．无报偿之心——依同一方向奉茶

泡完茶，大家依同一方向奉茶。可以约定，每个人将所泡的茶奉给左边的茶友，即自己所品之茶来自右边茶友，人人都为他人服务，而不求对方报偿。这是一种"无所为而为"的奉茶方式，是放淡报偿之心的做法。

3．无好恶之心——接纳并欣赏每一杯茶

无我茶会的茶是茶友自己带来的，且公告事项上已注明种类不限。每人品赏四杯不同的茶，由于茶类和沏泡技艺的差别，对不同的茶的品味是不一样的，但每位与会者都要以愉快的心情接纳每一杯茶，以客观的心情欣赏每一杯茶，用心感受别人的长处，不能只喝自己喜欢的茶，而厌恶别的茶。

4．求精进之心——努力泡好每一道茶

自己每泡一道茶，都要品一杯，要时刻检讨每杯泡得如何，与他人泡的茶相比有何不足，使自己的茶艺精益求精。

5．遵守公共约定——不设司仪

无我茶会不设指挥和司仪，茶友们都是按事先阅读过的公告行事，养成自觉遵守公共

约定的习惯。

6. 培养默契、体现团体律动之美——席间不语

茶会进行时，均不说话，大家照面只需鞠个躬，微微一笑就可以。重点在于用心泡茶、奉茶、品茶，时时调整动作、快慢、节奏，约束自己、配合他人，使整个茶会快慢节拍一致，并专心欣赏音乐或聆听演讲，人人心灵相通，即使几百人上千人的茶会亦能保持会场宁静、祥和的气氛。

7. 无流派与地域之分——不拘泥于某一种泡茶方式

无我茶会的泡茶方式是不受限制的。不同流派、地域的人均可围坐在一起泡茶，并且相互观摩茶具，品饮不同风格的茶，交流泡好茶的经验，人际关系十分融洽，真正起到了以茶会友、以茶联谊的作用。

二、无我茶会的准备

（一）场地的准备

（1）根据场地情况，画好规划图，设计好泡茶队形，并标上号码。

（2）用号码牌标示出每一位人"坐垫前缘"的"中心点"，而参加茶会的每一个人铺设坐垫时，都将坐垫前缘中心点对准号码牌，就位后，自然就是原先规划好的茶会队形。

（3）通常茶会名称标示的地方不能太高，如果大家围成一圈或两圈泡茶，可将双面书写的茶会名称放在内圈中心点的地方。

（4）品茗后如安排音乐欣赏，音响放置的位置要避免回音的干扰，如有表演者，必须将其视为泡茶者的一部分，不另设表演台。

（二）与会者的会前准备

（1）参加无我茶会的穿着要配合茶会的性质，若正式的茶会，穿着正式一点的服装，若一些好友相聚，轻松一点无妨。尤其注意鞋子要挑选"穿""脱"方便的款式。

（2）个人携带的茶具要简便，以"旅行茶具"作为准备的原则，因为简便才不至于把很多时间花在茶具的准备、操作与收拾上，才有多余的时间可以体会、享受茶会的气氛与意境。

（3）与会者不必特意去买什么等级的茶，但是有异味、自己不喜欢的茶是不能带来参与茶会的。因为那已经不是"无好恶之心"所诉求的范围。

（4）无我茶会是使用简便的泡茶法，所以省略了置茶、赏茶、闻香、烫杯等动作。置茶改在出门前就将茶叶放入壶中。赏茶、闻香除供泡茶者作为判断茶叶冲泡法的参考数据外，不让客人为之。

（5）要能轻松愉快地享受无我茶会，除不要有太多社交性的目的外，还要有下列的预先准备。①熟知无我茶会的规则，如此才不至于发生错误而影响心情。②备妥所需的道具，而且功能完善。如果茶盅断水功能不良，奉茶时茶汤到处滴落；滤渣功能不佳，不是茶汤倒得不顺畅，就是茶汤里的茶渣很多；坐垫坚韧度不够，就座时小石子刺痛了脚，这些都会让人无法安心参与茶会。③熟练掌握泡茶技艺。知道冲多少水够所需杯数的汤量，采用什么样的温度和泡法才能得出高质量的茶汤。④让自己坐得舒服。不论采取何种坐姿，都要进行预练习，使自己坐立自如，否则双脚麻痛。

（三）主办单位的会前准备

（1）根据无我茶会举办的目的与动机，拟定无我茶会的名称。

（2）无我茶会按工作分配可以分为主办单位、召集人、场地组、会务组、联谊组、生活组、记录组、会后活动安排组等，将具体工作逐一落实到相关人员。

（3）制作"公告事项"，具体包括茶会名称、时间、地点、人数预估、泡茶要求、就座方式、品茗后活动、雨天的应变方案等。

（4）举办会前说明会，并实际演练茶会的程序。

（5）为掌握各项会前的准备工作，将各项任务各写成一张检查表，逐项核对，以防遗漏。

（6）查看以前的无我茶会记录，如公告事项、签名薄、重点照片与录像等，为完善本次无我茶会做准备。

三、无我茶会的基本流程

（一）抽签、签名报到入场

无我茶会的报到手续包括注册、对时、抽签与签名，或在无我茶会护照上盖戳章。抽签是抽座位的号码签，用以决定每人的泡茶位置，一般以小纸片写上编号折成小方块放进签袋即可。也可将签做得具有纪念意义，会后留作纪念。

（二）入场铺席

就位时，将"坐垫"（不是垫布）前缘的中间点切齐号码牌，每人就位后就会很整齐，背包放在座席布右侧中间，双膝齐跪。

（三）备具

按规定摆放有序（图10-9）。

（四）茶具观摩与联谊

备具毕，可离席参观其他茶友的茶具并相互交流。欣赏茶具时，不要用手触摸，或是拿起来观看，一方面是基于卫生的要求，另一方面是避免失手打破。

（五）泡茶

按盘右上、左上、左下、右下的顺序将茶汤倒入4只杯内，若茶盘为长形，杯为横排一字形，则从左到右依次倒茶入杯（图10-10）。

图10-9　备具

图10-10　泡茶

（六）奉茶

用双手端起茶盘站起，从右侧方走至座席前，向左边奉茶给三位茶友，剩下的一杯端回留给自己。奉茶时，走到每位茶友正前面，左脚踏前一步，随即蹲下，茶盘搁在左腿上。右手拿右上角的一杯，放在第一位茶友泡茶巾的左一位置将左上一杯移到中间，呈"品"字形排放；取上方中间的一杯放在第二位茶友泡茶巾的左二位置；余下两杯再移至茶盘中间成一横线，取左边的一杯放在第三位茶友的左三位置；将余下的最后一杯置于茶盘中间，端回后茶盘放在原位，茶杯放在自己泡茶巾的最右边。如果要奉茶的人也去奉茶了，只要将茶放在泡茶巾上就可以了，否则要先相互致礼，再奉茶，再行礼。第二、第三道茶用茶盅奉茶（小杯泡法及小盖碗泡法用小水壶添水）。茶盅放在茶盘前端，茶巾放在茶盅后面，端起盘走到左边茶友面前，将茶倒入自己奉茶的杯内。奉完三道茶，回座喝完最后一道茶，仍静坐原位，听完演奏后，再擦拭自己用过的杯子。

（七）收具

端起奉茶盘，收回自己的奉茶杯。回座后，喝完自己泡的剩余茶，或倒入热水瓶中，茶渣留在壶中，放入一些餐巾纸吸水，依布具逆顺序一一收好，放入背包内，将号码标志及小礼品、用过的废纸全部带回处理，保持场地清洁。

拓展链接

无我茶会的英、日、韩译

在中、日、韩三种语言里，"无我茶会"都可以通用，大家也都看得懂。在英文里，最早译为"Anatman Tea Convention"，后改为音译的"Wu-Wo Tea Ceremony"，2012年春，无我茶会的英译定为"Sans Self Tea Gathering"。茶会的意义着重对"无"的体悟，无我应被解释为"懂得无的我"。"sans"一词取自莎士比亚剧作《皆大欢喜》，原为法文，是"无"的意思，"gathering"取其聚会之意，这样比较接近创建者对无我茶会的诠释。

● 实训步骤

无 我 茶 会

实训时间：实训授课2学时，共计90分钟，其中示范讲解15分钟，学员操作60分钟，考核测试15分钟。

实训器具：旅行茶具、茶叶、保温壶、背包等。

实训方法：（1）示范讲解；（2）学员分成6～8人/组，在户外进行操作练习。

操作步骤	主要内容及标准
场地选择	根据场地实际情况，画出示意图，安排座次，制作抽签号
备具	根据无我茶会特点，备好茶具及开水
入场布具	抽签入场，找到对应号牌，按规定布具
茶具观摩	与茶友进行互动，互相观摩
泡茶	平心静气泡好每一杯茶
奉茶	将四杯茶奉给左边的三位茶友，留一杯自己品鉴
收具离场	按规范收好茶具，放入背包中，清理泡茶现场，保持卫生

● **实训考核**

技能评分表

组别：_____   姓名：_____

考核内容	考核要点	分值	组内互评	组间互评	教师评价
准备工作	主办方和与会者准备工作充分，细节考虑完善	3			
茶会流程	流程完整、体现茶会精神	4			
泡茶法	泡茶方法运用得当	3			
总分		10			

课后练习

一、单选题

1. 无我茶会创始人是中国台湾茶人（   ）。

   A. 蔡荣章   B. 李曙韵   C. 范增平   D. 林治

2. 无我茶会的正式推出是在（   ）年。

   A. 1987   B. 1990   C. 1997   D. 2007

3. 以下哪一项不是无我茶会的精神体现（   ）。

   A. 无尊卑之分   B. 无报偿之心   C. 无好恶之心   D. 无精进之心

4. 无我茶会泡茶分汤顺序是按茶盘（   ）的顺序将茶汤倒入 4 只杯内。

   A. 右上、左上、左下、右下   B. 右上、左下、左上、右下

   C. 左下、右下、右上、左上   D. 左下、右上、左下、左上

5. 无我茶会奉茶时，向左边奉茶给（   ）位茶友。

   A. 一   B. 二   C. 三   D. 四

二、判断题

1. 无我茶会一般需单独设置贵宾席。   （   ）

2. 无我茶会规定与会者必须特意带上最高等级的茶叶。   （   ）

3. 无我茶会在茶具欣赏环节，要用手拿起来观看茶友的茶具。   （   ）

4. 无我茶会通常不设指挥和司仪。   （   ）

5. 无我茶会最早举办是在浙江杭州。   （   ）

参 考 文 献

[1] 丁以寿. 中国饮茶法源流考 [J]. 农业考古，1999（2）：120-125.

[2] 王介南. 中外文化交流史 [M]. 北京：人民出版社，2011.

[3] 姜天喜. 论中国茶文化的形成与发展 [J]. 西北大学学报（哲学社会科学版），2006（6）：30-32.

[4] 程启坤. 中国茶文化的历史与未来 [A]// 中国茶叶学会，湖南省茶叶研究所. 中国茶叶生产与消费论坛论文集，2008.

[5] 孙振玉，梁艳. 中国茶文化的形成及其对外传播 [J]. 中国茶叶，1995（5）：38-39.

[6] 周岚，欧阳驹. 茶艺服务实训 [M]. 青岛：中国海洋大学出版社，2011.

[7] 张涛. 茶艺基础 [M]. 桂林：广西师范大学出版社，2018.

[8] 陈焕堂，林世煜. 茶路天涯：台湾茶第一堂课 [M]. 武汉：华中科技大学出版社，2015.

[9] 池宗宪. 选好壶，泡好茶 [M]. 南京：译林出版社，2012.

[10] 江用文，童启庆. 茶艺技师培训教材 [M]. 北京：金盾出版社，2008.

[11] 杨亚军. 评茶员培训教材 [M]. 北京：金盾出版社，2009.

[12] 徐秀棠. 中国紫砂 [M]. 上海：上海古籍出版社，2017.

[13] 郭孟良. 中国茶史 [M]. 太原：山西古籍出版社，2003.

[14] 阮逸明. 台湾乌龙茶 [M]. 上海：上海文化出版社，2008.

[15] 吴觉农. 茶经述评 [M]. 2 版. 北京：中国农业出版社，2005.

[16] 叶喆民. 中国陶瓷史 [M]. 北京：生活·读书·新知三联书店，2011.

[17] 姚国坤，王存礼. 图说中国茶 [M]. 上海：上海文化出版社，2007.

参 考 答 案

第一章　茶文化知识

第一节　中国用茶与饮茶的源流

课后练习

一、单选题

1	2	3	4	5
D	C	B	C	D

二、判断题

1	2	3	4	5
√	√	×	√	√

第二节　中国茶文化的形成、发展与对外传播

课后练习

一、单选题

1	2	3	4	5
D	A	C	A	A

二、判断题

1	2	3	4	5
√	√	×	√	√

第三节　茶事艺文

课后练习

一、单选题

1	2	3	4	5
A	A	B	A	C

二、判断题

1	2	3	4	5
√	√	×	√	×

第二章　饮茶习俗

第一节　中国各民族饮茶习俗

课后练习

一、单选题

1	2	3	4	5
C	A	D	B	A

二、判断题

1	2	3	4	5
×	√	×	√	√

第二节　世界各国饮茶习俗

课后练习

一、单选题

1	2	3	4	5
C	D	A	B	A

二、判断题

1	2	3	4	5
√	×	√	√	×

第三章　茶叶基础知识

第一节　茶树

课后练习

一、单选题

1	2	3	4	5
A	B	A	B	A

二、判断题

1	2	3	4	5
×	×	√	√	√

第二节　茶区与茶

课后练习

一、单选题

1	2	3	4	5
A	C	A	B	D

二、判断题

1	2	3	4	5
×	×	√	√	×

第三节　茶叶的鉴别与贮藏

课后练习

一、单选题

1	2	3	4	5
D	B	D	D	D

二、判断题

1	2	3	4	5
√	√	√	×	×

第四节　饮茶与健康

课后练习

一、单选题

1	2	3	4	5
D	B	B	C	D

二、判断题

1	2	3	4	5
√	√	√	×	×

第四章　茶具知识

第一节　茶具的发展沿革及分类

课后练习

一、单选题

1	2	3	4	5
A	C	B	A	D

二、判断题

1	2	3	4	5
√	×	×	√	×

第二节　紫砂壶的认识

课后练习

一、单选题

1	2	3	4	5
B	D	A	D	C

二、判断题

1	2	3	4	5
×	×	√	√	×

第三节　泡茶用具的选配

课后练习

一、单选题

1	2	3	4	5
C	A	D	A	B

二、判断题

1	2	3	4	5
√	×	×	√	√

第五章　泡茶用水

第一节　古人评水论泉

课后练习

一、单选题

1	2	3	4	5
B	C	D	A	C

二、判断题

1	2	3	4	5
√	×	√	×	√

第二节　当代泡茶用水

课后练习

一、单选题

1	2	3	4	5
D	D	A	B	C

二、判断题

1	2	3	4	5
√	√	×	×	√

第六章　茶艺礼仪

第一节　茶艺人员的职业素养

课后练习

一、单选题

1	2	3	4	5
D	A	B	D	D

二、判断题

1	2	3	4	5
√	×	√	√	×

第二节　茶艺人员的礼仪素养

课后练习

一、单选题

1	2	3	4	5
C	A	C	A	D

二、判断题

1	2	3	4	5
√	√	×	√	×

第七章　泡茶基本技法与行茶技巧

第一节　泡茶十大技法

课后练习

一、单选题

1	2	3	4	5
D	C	A	B	B

二、判断题

1	2	3	4	5
√	√	√	√	×

第二节　行茶的技巧

课后练习

一、单选题

1	2	3	4	5
B	C	A	B	B

二、判断题

1	2	3	4	5
√	√	×	√	×

第八章　茶的冲泡技艺

第一节　不同茶类的冲泡技艺

课后练习

一、单选题

1	2	3	4	5
C	D	A	D	B

二、判断题

1	2	3	4	5
×	×	√	√	×

第二节　茶艺表演

课后练习

一、单选题

1	2	3	4	5
D	A	C	A	B

二、判断题

1	2	3	4	5
×	√	×	√	×

第九章　茶席与茶席设计

第一节　茶席

课后练习

一、单选题

1	2	3	4	5
B	A	D	C	A

二、判断题

1	2	3	4	5
×	√	√	×	√

第二节　茶席设计

课后练习

一、单选题

1	2	3	4	5
A	C	B	C	D

二、判断题

1	2	3	4	5
√	√	√	×	×

第十章　茶会的组织

第一节　茶会的设计

课后练习

一、单选题

1	2	3	4	5
A	D	D	C	B

二、判断题

1	2	3	4	5
√	×	√	×	√

第二节　无我茶会

课后练习

一、单选题

1	2	3	4	5
A	B	D	A	C

二、判断题

1	2	3	4	5
×	×	×	√	×